Por que as coisas caem?

Alexandre Cherman
Bruno Rainho Mendonça

Por que as coisas caem?

Uma história da gravidade

ZAHAR
Rio de Janeiro

Jorge Zahar Editor Ltda.
Rua México 31 sobreloja
20031-144 Rio de Janeiro, RJ
tel.: (21) 2108-0808 / fax: (21) 2108-0800
e-mail: jze@zahar.com.br
site: www.zahar.com.br

Grafia atualizada respeitando o novo Acordo Ortográfico da Língua Portuguesa

Projeto gráfico e composição: Mari Taboada
Ilustrações originais: Damarquinho Camilo
Capa: Sérgio Campante
Ilustração da capa: © B. Pepone/Corbis/Corbis (DC)/Latinstock

CIP-Brasil. Catalogação-na-fonte
Sindicato Nacional dos Editores de Livros, RJ.

Cherman, Alexandre, 1972-
C449p Por que as coisas caem? / Alexandre Cherman, Bruno Rainho Mendonça. — Rio de Janeiro: Jorge Zahar Ed., 2009.

Inclui bibliografia e índice
ISBN 978-85-378-0177-2

1. Newton, Isaac, Sir, 1642-1727. 2. Einstein, Albert, 1879-1955. 3. Física. 4. Gravitação. 5. Gravidade (Física). I. Mendonça, Bruno Rainho. II. Título.

CDD: 530
09-6273 CDU: 53

Para Angélica e Ísis, este maravilhoso
sistema binário ao redor do qual eu gravito.
ALEXANDRE CHERMAN

Para os meus pais, por absolutamente tudo.
BRUNO RAINHO MENDONÇA

Sumário

5. É assim que as coisas caem 85

6. Enfim, Newton... 112

PARTE II A gravidade dos fatos

1. Chegando ao século XX 137

2. A teoria da relatividade especial 150

3. A teoria da relatividade geral 159

4. A gravidade de muito longe 173

5. Um pouco de física quântica 180

6. A gravidade de muito, muito perto 195

7. A unificação das forças fundamentais 209

Lista de ilustrações

PARTE 1

PARTE 2

Introdução

> A gravidade deve ser causada por um agente... mas se este agente é material ou imaterial, eu deixei para a consideração de meus leitores.
>
> ISAAC NEWTON

> A gravidade é a primeira coisa em que não pensamos.
>
> ALBERT EINSTEIN

Força da gravidade.

Pronto, acabou o mistério. Eis aí a resposta para a pergunta estampada na capa deste livro. Mas isso lhe basta como resposta?

A ciência é feita de hipóteses. E uma boa hipótese para dar conta desta segunda questão é que uma resposta assim, curta e direta, não satisfaz. E, como corolário, eis aqui você com este livro nas mãos.

As coisas caem por causa da gravidade.

O termo em si vem do latim *gravitas*, formado a partir do adjetivo *gravis*, que significa "pesado", "importante". "Importante". Faz pensar. Em sânscrito, outra língua igualmente antiga, gravidade é *Gurutvaakarshan*. Repare o início da palavra: "guru". É justamente o termo usado para designar os respeitados mestres espirituais e chefes religiosos do hinduísmo. E, em uma corruptela, também resulta no grego *barus* ("pesado"), origem da palavra "barítono" (de voz grave).

Mas isso é retórica! O ponto principal é: o que é a força da gravidade? E por que ela é tão especial?

Pois não há dúvida de que ela é especial. Se não fosse, como explicar que os dois maiores gênios das ciências, Isaac Newton e Albert Einstein, tenham se dedicado a ela? E não só isso: tenham sido alçados a essa condição genial justamente por terem vislumbrado parte de seus segredos?

Indo mais além, como explicar sua escorregadia natureza, que, como vemos na abertura desta introdução, parece escapar tanto de Newton — que deixa a cargo dos leitores algumas hipóteses —, quanto de Einstein — que a classifica como algo em que não se pensa?

A gravidade é especial porque ela é universal, para usar uma palavra cara a Newton, ou, ainda, porque é geral, usando um termo querido de Einstein.

Pois às vezes eu me pergunto como seria se Newton, muito antes de Charles Darwin, por exemplo, tivesse vindo ao Brasil...

Gosto de imaginar Newton refestelado, ávido por descansar de suas andanças sob o sol tropical. Em uma estrada de bosque qualquer, ele procura uma árvore em busca de uma sombra aprazível. E eis que se depara com... uma jaqueira. Árvore exótica, de cheiro forte e fruto exuberante, vegetal recém-chegado ao Brasil, assim como aquele jovem cientista britânico que aqui se refugiava da peste que se abateu sobre sua Universidade.

Um cochilo leve, uma brisa amena e eis que lhe cai uma jaca na cabeça! Newton perde os sentidos. Os nativos — talvez meu tataravô! — acodem. Alguns abanam, alguns jogam água, a dona da casa que o acolhe ordena à escrava que traga sais, alguns apenas observam, torcendo para que o pior não tenha acontecido. Apesar de todos os esforços, Newton permanece desacordado...

Nessa minha história inventada, não só acompanho Newton em sua viagem ao Brasil, mas também consigo ver o que passa por sua cabeça. E nesse momento de dor, em meio ao susto e ao medo do que pode ter lhe acontecido, Newton vê coisas. Ou melhor, vê pessoas...

Na verdade, Newton vê uma pessoa apenas.

Newton vê... Albert Einstein...

E, já que estamos falando de um delírio dentro de uma ficção, eles se reconhecem e se abraçam como velhos amigos.

— Albert!, diz Newton.

— Isaac!, responde Einstein.

E da forma mais inusitada possível, em um português carregado de sotaque, falam em uníssono:

— Como andam seus estudos sobre a gravidade?

Riem um pouco com a coincidência. Após se recomporem, Newton é o primeiro a responder:

— Estou indo por um bom caminho. Acabo de entender que a gravidade é uma força universal, que existe tanto na Terra quanto fora dela!

— Ah! Que belo momento intelectual você está vivendo, Isaac! Como eu o invejo. De minha parte, estou sofrendo muito com retas que não são retas; a matemática me assusta.

— Persevere, amigo Albert. E não cometa o mesmo pecado que eu. Peça ajuda. Não se acanhe. O mundo só tem a ganhar...

— Diga isso a Leibniz. Ou, melhor, a Robert Hooke!

E diz isso em meio a uma risada maliciosa. Newton balança a cabeça em reprovação:

— Albert, Albert, Albert... sempre o brincalhão! Você deveria respeitar os mais velhos! Não me provoque desse jeito...

E com esse tom cordial, eles começam a caminhar, muito próximos um do outro, falando baixo e rindo de vez em quando. Mesmo sendo a minha ficção, eles se afastam e eu os perco de vista. Jamais saberei as confidências que trocaram...

Ou não. Pois minha imaginação continua e nesta história fictícia Newton acorda, desorientado. Não sabe onde está. Cambaleia rumo ao cais, adentra sua cabine em uma nau inglesa. Dias se passam até que ele se recupere por completo.

Meses depois, está de volta à Inglaterra. Nem chega a visitar sua fazenda em Woolsthorpe, voltando direto para a Universidade, já reaberta. Lá, torna-se um excelente professor, membro da Royal Society, e aplaude, com reprimida inveja, quando uma junta de cientistas britânicos, liderada por Edmond Halley e Robert Hooke, desvenda os mistérios da gravidade.

Maldita jaca brasileira! Se pelo menos fosse uma maçã...

Mas, afinal, foi uma maçã! Ou pelo menos a maioria das pessoas acha que foi. Newton se refugiou da peste na propriedade de sua família, repleta de macieiras, e durante um cochilo vespertino, teria sido acordado por uma maçã que lhe caiu na cabeça. Ao recobrar-se do susto, havia descoberto a lei da gravidade!

A história com o fruto é quase tão lenda quanto a da jaca; nunca aconteceu. Mas, com o perdão do trocadilho, é frutífera demais para não ser visitada por nós. Em um autêntico "telefone-sem-fio" se estendendo pelo tempo e pelo espaço, a maioria das pessoas hoje praticamente resume Newton com uma história que não é verdadeira!

E de onde surgiu esse mito? Muito provavelmente teve origem na sobrinha de Newton, Catharine Barton. É muito provável que o pensador tenha usado a maçã como exemplo de algo que cai na Terra, para depois ilustrar que a força que a faz cair é a mesma que mantém a Lua em órbita do planeta. Catharine casou-se com John Conduitt, membro do Parlamento britânico, e por meio dele conheceu o filósofo francês François Marie Arouet, o Voltaire. E foi Voltaire que imortalizou a história da maçã em seu livro *Lettres sur les anglais*, de 1734.

Pois a ciência, assim como a história, é feita por pessoas e, vez ou outra, as pequenas idiossincrasias de cada um se interpõem entre os fatos.

E há idiossincrasia maior do que alterar uma equação matemática apenas porque ela não lhe forneceu o resultado esperado? Especialmente porque o "resultado esperado" se baseava em uma crença religiosa, e não em dados científicos...?

Pois Einstein caiu nessa armadilha ao aplicar a relatividade geral ao Universo, tentando entender sua dinâmica. Em busca de uma comprovação de sua crença, a de que o Universo era estático, perfeito e imutável, Einstein alterou ("cozinhou" é o jargão usado em física experimental) seu resultado — uma belíssima equação de um tipo intrincado de cálculo, chamado tensorial — e comprovou exatamente aquilo que buscava: o Universo era estático!

Alguns físicos e matemáticos contemporâneos a Einstein, com uma especial citação ao russo Alexander Friedmann, insistiram nos resultados reais da equação de Einstein: o Universo era dinâmico e estava em expansão. Friedmann afirmou isso em 1922, seis anos depois de Einstein ter cozinhado suas equações... Mas pouca gente acreditou nele. O resultado, entretanto, seria comprovado em 1929 pelas observações de Edwin Hubble, e Einstein se retratou, afirmando que aquele havia sido o "maior erro de sua vida". Infelizmente, Friedmann já havia morrido quando isso aconteceu...

O resultado equivocado de Einstein se apoiou tão somente em sua fama. E ela persiste até hoje! O inventor da teoria da relatividade é o epítome do cientista, um arquétipo maior que a realidade, um signo, um símbolo, uma lenda. Sua foto de língua de fora — uma atitude tomada por ele com a intenção de "estragar" a foto e ser deixado em paz pelos fotógrafos — é a imagem mais conhecida de um homem de ciência. E sua equação, $E=mc^2$, é a expressão matemática mais famosa de todos os tempos.

Einstein e Newton. Newton e Einstein. Os dois pilares desta bela história chamada gravitação. Mas todos os pilares se apoiam em sólidas bases. E os mais belos são adornados, dos pés ao topo. E pilares, claro, têm uma função: ter algo apoiado sobre eles...

Neste livro falaremos justamente disso, pilares. E das bases, dos adornos e do fechamento disso tudo. Ou da falta deles. Sim, pois o grande diferencial da gravidade, em relação a tantos e tantos ramos da física, é que, passados mais de 2.400 anos de estudo, ainda não a entendemos por completo. E, aparentemente, ainda estamos longe de fazê-lo...

* * *

Independentemente da maçã, independentemente de Newton, independentemente de nós mesmos, a gravidade sempre existiu. E contar a história desse algo que sempre existiu é a tarefa deste livro. Ou, pelo menos, de sua primeira parte. Na segunda, a tarefa é mostrar como é essa existência na prática (e em várias teorias).

"Os fatos da gravidade", "A gravidade dos fatos". Aproveite!

Alexandre Cherman

PARTE I

Os fatos da gravidade

Bruno Rainho Mendonça

1 Desde quando as coisas caem?

Cada um de nós é um *expert* natural em gravidade.

David Darling

As coisas sempre caíram

Desde que o mundo é mundo, as coisas caem. Antes disso, até! Talvez usar o verbo "cair" para descrever alguns fenômenos ocorridos antes da formação do nosso planeta, nos primórdios do Universo, seja até um abuso de linguagem. Mas é fato que já naquela época havia a interação gravitacional.

Na segunda parte deste livro, veremos que a natureza da gravidade é elusiva. De todas as forças do Universo, ela parece ser a mais tímida (*stricto* e *lato sensu*). Não restam dúvidas, entretanto, de que ela atua desde os primórdios...

Ainda assim, a pergunta: podemos falar em "queda"? "Cair" pressupõe uma covardia gravitacional que não havia no passado distante. "Cair" implica uma desigualdade de matéria, algo de bastante massa atraindo algo com massa menor. Dessa desigualdade gravitacional surge o fenômeno da queda.

Se quisermos ser muito rigorosos em nosso idioma, as coisas começam a cair no momento que surgem no Universo objetos extensos — planetoides, protoestrelas, núcleos galácticos. Mas, claro, antes disso já havia a interação gravitacional.

Sem nos aprofundar pelos meandros cosmológicos que fogem do assunto principal deste livro, e também alargando um pouco o significado do verbo "cair", a resposta à pergunta título deste capítulo é simples: as coisas caem desde sempre.

(Ou, pelo menos, as coisas caem desde que existem coisas...)

O interessante dessa pergunta, então, não é sua resposta objetiva. É o caminho que nos leva à resposta. Queremos, antes de entender a gravidade por si só, entender como nossos antepassados entendiam a gravidade.

Naturalmente...

Imagine a seguinte situação: uma torneira é aberta e a água que passa por ela sai para cima, para os lados, para a frente, enfim, em todas as direções. Ou, então, um jogador de futebol faz um lançamento em profundidade, e a bola, em vez de parar no pé de seu companheiro, inicia uma viagem rumo aos confins do Sistema Solar.

Você pode estar pensando que isso é totalmente antinatural! Mas o que é "natural"? As coisas caírem, por exemplo, é natural. Desde que o mundo é mundo, ou seja, mesmo antes de o homem se estabelecer sobre a Terra, as coisas caem. A pedra solta despenca montanha abaixo, a maçã madura cai da árvore e, muito provavelmente, qualquer ser que tenha observado esses acontecimentos há milhares de anos não deve ter se questionado sobre o motivo pelo qual aquele fenômeno ocorria. Porque era natural e se repetia desde sempre. Assim, é impossível saber quem foi a primeira pessoa a questionar ou tentar explicar por que as coisas caem.

Hoje, se várias pessoas fossem indagadas sobre o motivo da queda dos corpos, certamente as respostas trariam uma palavra como principal justificativa: a gravidade. E apesar da recorrente presença desse termo na maioria dessas respostas, alguns não sabem exatamente o que é a gravidade ou a razão de sua existência. Mesmo assim, curiosamente, encaram com total naturalidade o comportamento das coisas no Universo, da mesma maneira que os antigos habitantes da Terra. À noite, deitam-se em suas camas para dormir, e estas não ficam no teto, mas no chão mesmo. Porque, de fato, isso é natural!

Convivendo com a gravidade

A citação de David Darling que abre este capítulo é emblemática. De fato, não há entre nós alguém que não conheça intimamente a gravidade. Até porque convivemos com ela 24 horas por dia.

Nossos corpos foram esculpidos sob a ação da gravidade terrestre. São como são graças a milhões de anos de evolução submetidos a essa força. As necessidades cotidianas também são supridas levando-se em consideração a sua existência.

Tente imaginar o homem primitivo, caçando sua presa com uma lança e errando o alvo sucessivamente, assim que começou a exercer essa prática. Ele não sabia, mas contava com a gravidade para arremessar sua arma. Somente levando-a em consideração, mesmo sem suspeitar de sua existência, seria possível dominar essa técnica. E pelo método de tentativa e erro ele a dominou, por uma questão de sobrevivência. Os animais, obviamente, também dependem dessa força. Uma aranha, por exemplo, seria incapaz de construir sua teia sem a gravidade terrestre para guiá-la. E isso serve apenas para ilustrar um pouco a dependência que tudo aquilo que se encontra em nosso planeta tem dessa "força da natureza". Até a própria Terra só existe devido à gravidade, e sua forma, aproximadamente esférica, pode ser explicada a partir do momento que entendemos como atua essa força.

Portanto, vamos buscar esse entendimento sobre a força da gravidade sem, entretanto, partir diretamente para o que se sabe atualmente. O intuito é encontrar os alicerces sobre os quais foi construído todo o conhecimento acumulado acerca dos conceitos por trás da gravidade.

A pré-história da gravidade

A noção de gravidade como uma força é relativamente recente, e por este motivo, nos primórdios da civilização esse conceito muitas vezes se confundia com os de massa e peso (principalmente este último). Naquela época, a gravidade (ou o peso) era considerada uma característica inerente ao objeto, como cor ou odor. Enfim, era uma qualidade.

Podemos ver em *Lost Discoveries*, obra do renomado Dick Teresi, que na Índia Antiga já havia uma ideia correta a respeito do que de fato é a gravidade. Ele relata um quadro situado por volta do século VIII AEC:* "filósofos no Norte da Índia tinham entendido que a gravitação mantinha o Sistema Solar unido, e que, desta forma, o Sol, o objeto de maior massa, teria que estar no centro". Uma curiosidade e tanto, mas infelizmente não existem relatos de como esses filósofos teriam chegado a essa conclusão, fato que nos permite apenas confabular ou especular a respeito dessa teoria.

Outro registro interessante também realizado na Índia Antiga pode ser encontrado no trabalho de um sábio hindu chamado Kanada, que viveu no século VI AEC. Foi ele quem fundou a escola filosófica de Vaisheshika, e em um artigo escrito pelo pesquisador Subhash Kak intitulado "Indian physics: outline of early history", podemos encontrar uma dedução bastante interessante.

Segundo Kak, Kanada argumentava que o "peso causa a queda; isso é imperceptível e conhecido por inferência". Podemos notar que a intuição do sábio hindu estava no caminho certo, mas havia ainda um longo trajeto a ser percorrido em termos conceituais.

O peso das coisas

Foi muito provavelmente com o peso que pela primeira vez a força da gravidade foi usada diretamente a favor do homem. A pesagem

---

*AEC é a abreviação de "Antes da Era Comum", notação que vem substituindo o mais usual a.C., antes de Cristo. O marco zero da Era Comum é o mesmo da Era Cristã. Como hoje sabemos que a data do nascimento de Jesus Cristo foi calculada com erro pelos primeiros cronologistas, se continuássemos usando as expressões "antes de Cristo" e "depois de Cristo", acabaríamos escrevendo frases aparentemente absurdas, como, por exemplo, "Jesus Cristo nasceu no ano 7 antes de Cristo". Neste livro, quando as datas não forem seguidas pelas letras AEC, isso significa que elas já pertencem à Era Comum.

dos objetos foi bastante importante no início das civilizações. Quando precisavam comercializar mercadorias e encontravam alguma dificuldade em mensurar sua quantidade, como, por exemplo, no caso de grãos ou metais, os antigos comerciantes recorriam a aferições de volume ou peso. Assim, estabeleciam unidades específicas para trocas, que mudavam em cada lugar e época.

Na Assíria, por exemplo, o rei Salmanasar V, entre os anos de 726 e 722 AEC, estabeleceu oficialmente a *mina* como unidade padrão de peso, de forma que havia a "*mina* pesada" (aproximadamente 1kg, em valores atuais) e a "*mina* leve", que teria cerca da metade do peso da anterior.

Pintura em um vaso antigo do século VI AEC, mostrando a pesagem de mercadorias com o uso de uma balança.

Até mesmo moedas eram contabilizadas por peso, visto que somente a partir do século XVII elas passaram a ser produzidas com a mesma quantidade de material para cada uma. Dessa maneira, embora houvesse a possibilidade de se contar a quantidade de moedas, como algumas tinham mais ouro (ou outro material) que as outras, o peso de certa quantidade era o que representava seu valor real.

A gravidade na Grécia Antiga: o começo

Foi na Grécia Antiga que muitos conceitos relativos à gravidade começaram a ser introduzidos em um contexto mais científico. Tales de Mileto (c.624-c.546 AEC), considerado o primeiro filósofo ocidental, foi o responsável por proclamar o que vários estudiosos acreditam ser o primeiro princípio físico da história: tudo é feito de água.

Com essa afirmação, Tales instituía a água como o elemento primordial de todas as coisas, algo que sabemos hoje não ser verdade, apesar de sua importância para a vida na Terra. Ele defendeu também, possivelmente influenciado pela obra do poeta grego Homero, que a Terra seria plana, cercada por um imenso oceano.

Sabemos que Tales errou grosseiramente também nessa proposta, mas perceberemos que a partir daquele momento outros filósofos concentraram seus esforços na tentativa de buscar a forma certa de nosso planeta. Eis aí seu mérito: Tales abriu as portas para que seus sucessores pudessem explorar mais a fundo a natureza das coisas.

Um desses sucessores foi Pitágoras de Samos (c.570-c.497 AEC), um dos principais matemáticos gregos, que propôs que a Terra seria esférica, mas por razões místicas. Como líder (e fundador, claro) da Escola Pitagórica, que tinha uma linha de pensamento místico-científica, ele acreditava que a esfera era uma forma perfeita e que por isso a Terra teria esse formato e não qualquer outro.

A essa altura, não devíamos esperar que seu argumento fosse baseado na força gravitacional. Mas ainda mais que isso, sua justificativa foi bastante infeliz em termos científicos, embora deveras influente devido ao grupo de seguidores que suas ideias arregimentaram ao longo das décadas. Segundo Pitágoras, a Terra esférica seria o centro imóvel do Cosmos (termo cunhado por ele mesmo) e os planetas, o Sol e a Lua girariam ao seu redor.

Mais ou menos nessa época surgiu a proposta paralela de que esses astros estariam presos a esferas cristalinas invisíveis, e que o movimento dessas estruturas causaria o deslocamento do objeto celeste vinculado a sua respectiva esfera...

Esta foi a forma encontrada por aqueles pensadores para explicar o movimento dos astros e sua disposição no Universo: absolutamente incipiente, porém totalmente compreensível se levarmos em conta as ferramentas matemáticas de que dispunham e o contexto cultural e religioso no qual estavam imersos.

Platão

O mais célebre dos pitagóricos talvez tenha sido Arístocles de Atenas (427-347 AEC), mais conhecido como Platão graças ao seu porte atlético (*plato*, em grego, significa "largo", em referência aos seus ombros). Foi ele o responsável por popularizar o modelo geocêntrico de Pitágoras.

Platão também relacionou os cinco sólidos regulares descritos por seu mentor (posteriormente identificados de forma errônea como "sólidos platônicos") com os quatro elementos primordiais reunidos por Empédocles de Agrigento (c.490-c.430 AEC), a terra, a água, o ar e o fogo, no que ficou conhecido como "princípio quaternário".

(Empédocles considerava o "amor" a força atrativa que daria origem a tudo que existe, a partir da união desses quatro elementos. Uma curiosidade e tanto, pois se o conceito de força atrativa surge assim, sua origem parece ser interior, emocional.)

De acordo com Platão, em seu diálogo "Timeu", à terra estaria associado o cubo, visto que é o poliedro com base mais estável, isto é, mais imóvel. O tetraedro, por ser o menor dos sólidos, e o icosaedro por ser o maior, representariam, respectivamente, o fogo e a água (esta relação de tamanho está associada a razão entre volume e área superficial). Já o ar, por estar numa situação intermediária, estaria vinculado ao octaedro, com tamanho intermediário entre o tetraedro e o icosaedro.

E como não havia um quinto elemento para ser associado ao dodecaedro, ele declarou que seria o próprio Universo, que ainda assim Platão considerava ter a forma esférica.

Os cinco sólidos regulares e os elementos a eles associados.

Na mesma obra em que Platão divulgou essas ideias, ele iniciou uma confusa discussão acerca do comportamento do que definiu como "corpos leves" e "corpos pesados", e que está diretamente relacionado com o conceito mais primitivo de gravidade.

Algumas de suas noções sobre essa questão estão refletidas de maneira mais elaborada no trabalho de seu mais famoso pupilo, Aristóteles de Estagira (384-322 AEC).

2 ARISTÓTELES ENTRA EM CENA

> Como nós podemos explicar os movimentos das coisas leves e pesadas aos seus lugares naturais? A razão para isso é que elas têm uma tendência natural em direção a uma certa posição; e isto é o que faz com que elas sejam leves ou pesadas, a primeira sendo determinada pela tendência de subir, e a última pela de cair.
>
> ARISTÓTELES

Paradigmas e paradigmas...

Aristóteles pode ser considerado um dos pilares da história da gravidade, pois apesar de seu trabalho nessa área não representar a realidade atual, o conhecimento nele difundido perdurou por muitos séculos após sua morte.

Podemos notar em sua vasta obra que ele foi um profundo curioso no que diz respeito às coisas da natureza, e baseou muitas de suas teorias principalmente na percepção que tinha desse "laboratório" que o cercava. Aristóteles teve a oportunidade de estudar com Platão por aproximadamente 20 anos, na famosa Academia de Atenas, uma espécie de protouniversidade fundada pelo discípulo de Sócrates, aproximadamente em 385 AEC. Ambos tinham uma visão bastante diferente sobre a natureza do mundo, sendo Aristóteles considerado mais próximo do perfil do cientista moderno, visto que sua filosofia foi construída com base nas observações (apesar de não ter testado muitas de suas teorias).

Aristóteles foi tutor do jovem Alexandre (que posteriormente receberia a alcunha de "o Grande") em 342 AEC, e por volta do ano 330 AEC fundou sua própria escola batizada de Liceu. Seus seguidores eram chamados de peripatéticos, devido ao fato de terem como costume filosofar caminhando (*peripatein*, em grego, quer dizer "passear").

Mas o trecho da obra de Aristóteles que nos interessa é aquele em que os movimentos celeste e mundano são objetos de estudo. Segundo ele, o movimento poderia ser "natural" ou "violento" (do termo latino *violentus*, que significa "força"). Platão acreditava que objetos iguais tinham uma tendência a se unir. Já seu aluno defendia a premissa de que todas as coisas tinham seu "lugar natural". Além disso, Aristóteles dividiu o Universo em duas regiões distintas: o domínio sublunar e o domínio supralunar.

O Cosmos aristotélico

Para melhor compreender sua proposta para o Cosmos, é importante conhecer a disposição dos astros de acordo com Aristóteles. O geocentrismo platônico foi adotado por ele, que considerava, portanto, a Terra imóvel como centro do Universo finito e esférico. Nosso planeta seria ainda circundado por esferas nas quais se encontrariam, em ordem de afastamento da Terra: Lua, Mercúrio, Vênus, Sol, Marte, Júpiter, Saturno e, finalmente, as estrelas fixas. Após esta última esfera, Aristóteles proclamou a existência do que chamou de "motor primordial", responsável pelo movimento harmonioso dessas esferas.

Essa divisão do Universo em sublunar e supralunar significava que, abaixo da esfera onde se encontrava a Lua, prevalecia a física dos quatro elementos. Porém, algumas alterações sutis nessa física foram feitas por Aristóteles. Para ele, cada um desses elementos seria composto pela combinação de quatro qualidades primárias: as ativas — o quente e o frio — e as passivas — o seco e o úmido. A combinação de uma qualidade ativa com uma passiva originaria um dos elementos primordiais, como, por exemplo, o frio e o seco formariam a terra, o quente e o úmido formariam o ar, e assim sucessivamente.

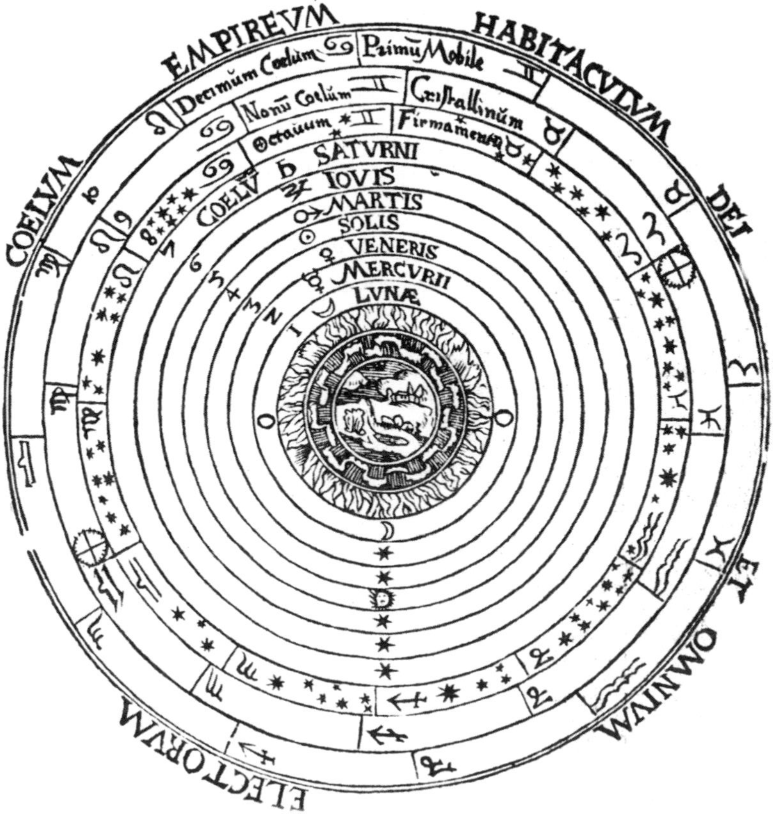

Famosa figura do humanista alemão Peter Apian, publicada em seu *Cosmographia*, de 1540, em que o modelo aristotélico é apresentado de forma bastante simplificada.

Já a partir da esfera da Lua em diante, no mundo supralunar, era o reinado da astronomia, onde os movimentos eram circulares e uniformes. Segundo o próprio Aristóteles, "a substância do céu e astros nós chamamos de éter". Também conhecido como "quinto elemento" ou "quintessência", o éter seria então o elemento puro, diferente dos outros quatro, do qual teria se originado tudo que se encontra na região supralunar.

O Universo como uma cebola

O principal problema que o modelo geocêntrico carregava desde sua criação era que as órbitas circulares e os movimentos uniformes propostos por Platão, devido a sua "perfeição", não explicavam o comportamento dos planetas no céu. Platão se esquivou dessa questão, mas outro discípulo seu, Eudoxo de Cnido (408-355 AEC), propôs uma solução a partir do que ficou conhecido como "esferas homocêntricas".

De acordo com Eudoxo, Sol e Lua estariam presos cada um a três esferas concêntricas interligadas, de forma que o movimento combinado dessas estruturas ao redor de eixos com diferentes inclinações teria como resultado final o movimento observado no céu. Já os cinco planetas estariam conectados a quatro esferas cada um, a fim de explicar suas trajetórias erráticas (principalmente o movimento conhecido como "retrogradação", uma espécie de laçada que os planetas realizam no céu). Finalmente, a esfera onde estavam dispostas as estrelas fixas seria mesmo apenas uma, que se moveria de oeste para leste. No total, Eudoxo montou um sistema com 27 esferas, uma dentro da outra.

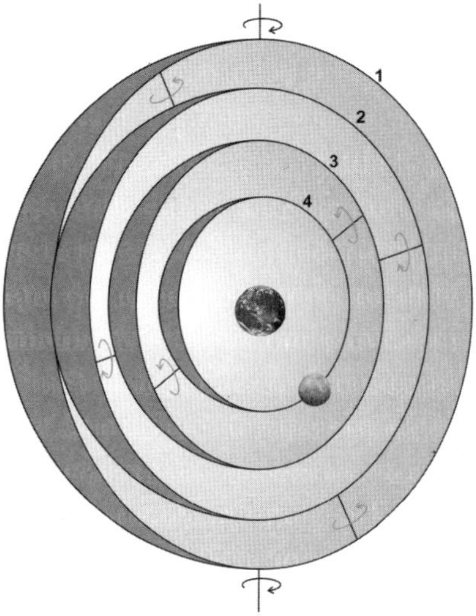

Exemplo de quatro esferas homocêntricas cujos movimentos combinados ao redor de diferentes eixos resultariam na trajetória observada de um planeta, segundo a proposta de Eudoxo.

Um aluno de Eudoxo, Calipo de Cízico (c.370-c.300 AEC), na tentativa de aprimorar o modelo do mestre, acrescentou mais sete esferas (duas para o Sol, duas para a Lua e uma para cada um dos seguintes planetas: Mercúrio, Vênus e Marte), totalizando 34.

Embora tenha ajudado Calipo a consertar o sistema de Eudoxo, Aristóteles continuou a trabalhar nesse projeto com o intuito de aperfeiçoá-lo ainda mais, já que mesmo depois dos ajustes ainda eram notadas imprecisões ao confrontá-lo com as observações. E como em sua proposta de Universo não havia espaço vazio — ele tinha aversão ao vácuo —, todas as esferas homocêntricas estariam em contato direto umas com as outras, o que lhe fez postular a existência de "esferas compensadoras", que anulariam o movimento imposto por outras esferas que não fossem as dos próprios astros.

Não há dúvida de que havia diversas lacunas nesse modelo, que ficou com 56 esferas no total. Contudo, Aristóteles chegava mais próximo de explicar o comportamento real dos astros mantendo os movimentos circulares e uniformes, isto é, como mandavam os ensinamentos de seu mestre Platão, "salvando os fenômenos" (princípio metodológico dos astrônomos antigos, o *sôzein phainómena* consiste em propor explicações que deem conta do que acontece, tentando conciliar os sentidos com a teoria, moldada pela divindade).

Embora até aqui nada próximo da noção de gravidade tivesse sido sugerido sequer implicitamente, já que Aristóteles descartava qualquer possibilidade de uma força atuando à distância, na física do mundo sublunar ele chegou perto, com um conceito bastante similar, conforme veremos a seguir.

Movimento natural

Já vimos que no mundo sublunar havia o "movimento natural", aquele intrínseco ao corpo, e o "movimento violento", que, como o próprio Aristóteles definiu, "acontece por força".

Sobre o movimento violento basta saber que, segundo a física aristotélica, ao final do contato do agente causador do movimento com o móvel, ele se esgotaria imediatamente. Além disso, Aristóteles afirmava que durante esse tipo de movimento havia duas forças atuando: uma impelindo o objeto a se deslocar e outra resistindo a essa força. Porém, ambas seriam externas, já que Aristóteles rejeitava a possibilidade de existir uma resistência interna, algo que hoje conhecemos como "massa inercial".

É bom lembrar que "massa" e "gravidade" ainda não eram termos correntes nesse período, e "peso", dependendo do contexto, era a palavra usada para se referir ao que mais se aproximou do conceito de gravidade. E apesar de ser provavelmente o tipo mais antigo de força física conhecida, o peso não era considerado como tal por Aristóteles, mas sim uma qualidade dos objetos, e sendo assim, não contribuía (pelo menos fisicamente) com o movimento natural dos corpos. Essa informação pode não fazer sentido nos dias atuais, pois sempre pensaríamos que ao levar um objeto à queda, o peso o conduz ao seu lugar natural (o chão), mas devemos nos despir de nosso conhecimento para entender o que se passava naquela época...

Ainda assim, é o movimento natural que vai nos levar a uma noção primordial do conceito de gravidade. Trata-se do movimento que ocorre devido à tendência interna que os objetos têm de buscar o que Aristóteles chamava de "lugar natural". Mas o que definia este lugar natural?

A forma da Terra

É certo que as coisas caem, e o ato de cair pode ser definido como um movimento que começa sempre em um ponto mais alto que o ponto em que termina. Portanto, o "lugar natural" aristotélico era, obviamente, o chão ou algo abaixo dele...

E se a Terra fosse plana? Abaixo do chão, do outro lado da camada sólida que forma o nosso planeta, haveria o quê? Algo em queda que varasse o nosso planeta plano poderia continuar em queda?

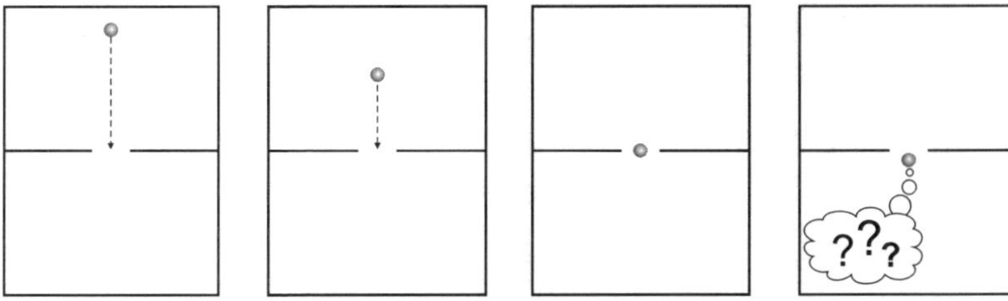

Ilustração deste caso absurdo, no qual o corpo em queda não saberia como se comportar após ultrapassar o chão.

Aristóteles considerava a Terra redonda. Mas não com base na visão mística de Pitágoras. Ele sustentava sua teoria argumentando que a forma da sombra projetada pelo nosso planeta na superfície da Lua durante um eclipse lunar era circular em toda e qualquer circunstância.

Cerca de um século depois, Eratóstenes de Cirene (273-192 AEC) provou que, de fato, a Terra era esférica. O método utilizado por ele foi assustadoramente simples.

Eratóstenes notou que no dia do solstício de verão, o Sol, ao passar pelo ponto mais alto do céu em seu movimento diário, não fazia sombra em Siena (hoje Assuã, no Egito). Estranhamente, nesse dia o Sol não apresentava a mesma característica sob as mesmas condições na cidade de Alexandria. Tal fato denotava que a superfície terrestre deveria ser curva. Mas, para provar seu argumento, Eratóstenes deveria medir o ângulo da sombra em Alexandria, e conhecer bem a distância entre as duas cidades.

Obtidos esses dados, ele foi capaz não só de demonstrar que a Terra era mesmo esférica, como também calculou com uma margem de erro muito pequena para a época a circunferência de nosso planeta. Por endossar as afirmações de outros célebres filósofos, essa prova foi facilmente aceita pelos estudiosos que o sucederam. Porém, veremos mais à frente que a forma da Terra, apesar de ter a esfera como uma boa aproximação, é um pouco mais complexa.

Mas com ou sem a validação de Eratóstenes, ficava claro que o "lugar natural" aristotélico era o centro da Terra...

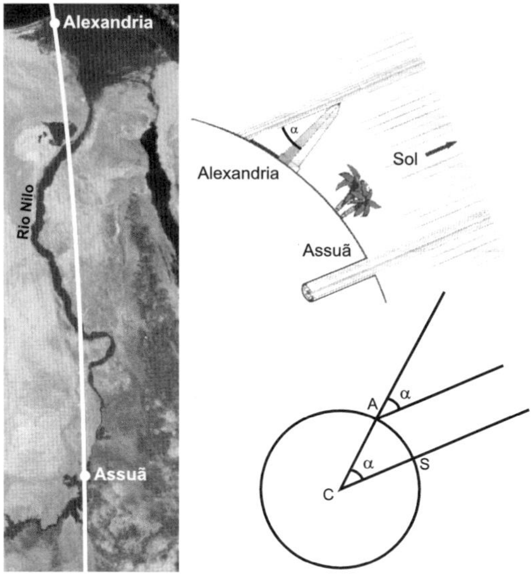

Mapa indicando o afastamento entre as cidades que estão praticamente no mesmo meridiano, e um esboço de como foi realizada a demonstração da curvatura terrestre. Conhecendo-se a distância entre A, Alexandria, e S, Assuã, e o ângulo α (que sai da medição da sombra), basta resolver uma regra de três para se obter o valor da circunferência da Terra.

Peso e leveza

Aristóteles afirmava que era "óbvio que cada corpo deve ter um certo peso ou leveza". O termo "leveza", no contexto aqui aplicado, está relacionado à tradução do inglês *lightness*, encontrado em *The Complete Works of Aristotle* e, com esse sentido, caiu em desuso pelo menos desde a lei da gravitação de Newton (que ainda será abordada).

No uso dado por Aristóteles, "peso" e "leveza" são, por assim dizer, antônimos e são precisamente essas as qualidades que influenciariam no movimento natural dos objetos em "queda". As aspas aqui se devem ao fato de que nem sempre o movimento natural é para baixo, o que caracteriza as quedas em nosso cotidiano. Naquele contexto, uma queda poderia ser para cima, se o objeto tivesse leveza!

Segundo a física aristotélica, os elementos primordiais seriam classificados como "leves" ou "pesados" da seguinte maneira: terra e água são pesados e ar e fogo são leves.

Cabe destacar que a terra é mais pesada que a água, e o fogo é mais leve que o ar. Logo, se um objeto tivesse mais material ígneo em sua composição, seu lugar natural seria a região mais alta dentro do limite sublunar. Já se o elemento principal na composição de um corpo fosse, por exemplo, material terreno, como sua qualidade é o peso, seu lugar natural seria o centro do Universo, que coincidiria com o centro da Terra.

Essa coincidência entre os centros do Universo e da Terra foi explicitada por Aristóteles no trecho de seu tratado *Sobre o céu*, no qual ele supõe que "se a Terra fosse removida para onde está agora a Lua, cada um dos vários fragmentos de terra não se moveria em direção a ela, mas ao lugar em que ela está agora".

Essa noção é duplamente curiosa. Primeiramente, contradiz a ideia platônica de "semelhante se une a semelhante". E, mais estranho ainda, como ele não substitui a Terra por nada, parece que as coisas seriam atraídas para um ponto sem massa que seria o centro do Universo, uma aberração para a teoria gravitacional vigente nos dias de hoje.

Além disso, uma análise mais atenta permite notar que o movimento nesse universo aristotélico se dá ao longo do seu raio, com

Os quatro elementos primordiais e seus lugares naturais.

a terra caindo em direção ao seu centro, seguida pela água que a permeia, o ar que a cerca e o fogo como última esfera das coisas mundanas e imperfeitas.

Uma coisa importante e que merece registro é que na visão de Aristóteles um elemento que tivesse leveza como qualidade não era menos pesado, por exemplo, que a terra. Esse elemento seria leve de forma absoluta! Essa concepção difere de nossa realidade atual, e deixa mais nítida a abordagem dada à gravidade mesmo sem a aplicação dessa terminologia. Peso e leveza eram "propriedades gêmeas" que influenciavam como os objetos se movem. E a velocidade do movimento dependia da quantidade dessas qualidades: quanto mais peso, mais veloz a queda, e quanto mais leveza, mais veloz a subida, ou seja, a conclusão que chegamos é que, para Aristóteles, corpos mais pesados caem mais rapidamente que os menos pesados.

(O leitor atento vai concordar que erraríamos se escrevêssemos "corpos mais pesados caem mais rapidamente que corpos mais leves", pois na visão aristotélica um corpo leve — neste contexto entendido como um objeto que tem leveza — não cai. Ele sobe!)

Aristóteles também analisou quantitativamente esse tipo de movimento no que foi chamado por ele de "regra de proporção". De acordo com o exemplo proposto no livro VII de seu tratado intitulado *Física*, a velocidade com que as coisas caem é inversamente proporcional à densidade do meio em que elas se encontram. Assim, um mesmo corpo com uma velocidade em um certo meio será duas vezes mais rápido se realizar o mesmo movimento em um meio com metade da densidade anterior.

Nas águas e nos átomos

Um tema importante que Aristóteles e alguns filósofos contemporâneos a ele abordaram e que, hoje sabemos, tem relação com a gravidade, são as marés. A maioria dos que se propuseram a explicar o fenômeno acreditava que a variação na massa oceânica tinha alguma relação com o fluxo de rios ou com correntes marinhas. Já Aristóteles supôs que o Sol e a Lua influenciavam os ventos, que por sua vez afetavam as águas do mar. Mais uma vez, ele tangencia a solução, posto que existe mesmo uma relação com a Lua e o Sol, mas falha categoricamente na explicação. Até porque, Aristóteles, como já foi dito, descartava totalmente qualquer possibilidade de ação à distância.

Outro que também tentou explicar as marés foi Seleuco I (c.358-281 AEC), ex-general do exército de Alexandre o Grande. Antes de mais nada, é preciso dizer que Seleuco acreditava que a Terra se movia ao redor de um eixo próprio (no movimento que hoje chamamos de rotação). Apesar de contrariar a ideia de uma Terra imóvel, essa proposta não era inédita, pois alguns filósofos gregos antes dele já haviam postulado a existência de tal movimento, que inicialmente não afetaria o sistema geocêntrico.

A partir da hipótese da rotação da Terra, Seleuco afirmou que a Lua girava em um sentido contrário ao desse movimento, atuando sobre o ar, que exerceria pressão nas águas, causando essas variações. Também errou, obviamente.

Sobre a rotação terrestre, Aristóteles não acreditava nessa possibilidade, pois para ele, se esse movimento ocorresse, sempre que jogássemos um objeto para o alto, ele não retornaria para nossa mão, visto que já teríamos nos deslocado da posição inicial do lançamento. Tanto neste como em alguns outros tópicos anteriores, somente com o trabalho de Galileu as coisas começariam a tomar o rumo correto.

E para falar rapidamente da visão dos atomistas — filósofos que defendiam a existência de partículas elementares na constituição de todas as coisas, chamadas por eles de átomos (*atomo*, do grego, "indivisível") — sobre peso, o "sinônimo" de gravidade, faço uso das palavras de Francisco Caruso e Vitor Oguri, que no livro *Física moderna* citam os filósofos Epicuro de Samos (341-270 AEC) e Demócrito de Abdera (c.470-380 AEC).

Segundo Caruso e Oguri, "Epicuro considerou o *peso* a terceira propriedade intrínseca do átomo, que seria responsável por sua queda através do espaço". Já Demócrito utilizava um argumento totalmente descartado por Aristóteles (o conceito de vazio), pois para justificar o peso dos corpos defendia que este seria "proporcional ao tamanho do átomo: como os corpos compostos são formados de átomos e vazio, e o vazio não tem peso, só aos primeiros, sólidos e feitos da mesma substância, é permitido ter peso".

Críticas caseiras

Um personagem bastante interessante que entra em cena poucos anos depois da morte de Aristóteles é o filósofo peripatético Estratão de Lâmpsaco (c.335-c.269 AEC). Terceiro diretor do Liceu, surpreendentemente ele confrontou algumas ideias de Aristóteles, utilizando para isso argumentos bastante perspicazes.

Estratão observou que a água da chuva chegava ao chão com maior velocidade quando vinha diretamente do céu, diferentemente de quando saía, por exemplo, de um telhado, assim como o impacto de um objeto com o chão se torna mais violento conforme aumenta a altura de onde é largado.

(Isso ia de encontro à ideia aristotélica de que um corpo não alterava sua velocidade durante a queda.)

A fim de justificar esse comportamento, Estratão recorreu a alguns conceitos atomistas e postulou que os objetos com as mesmas dimensões poderiam ter uma grande variedade de pesos. Isso dependeria apenas da variação do tamanho do vazio que o compõe, ou seja, os corpos seriam compostos pelos elementos de Empédocles, mas também pelo vazio tão temido por Aristóteles e postulado pelos atomistas. Com essa proposta, é possível constatar que a leveza passa a ser uma qualidade dispensável, o que de fato foi considerado por Estratão. Já o peso parece perder o status de qualidade e fica mais próximo do conceito atual, mas ainda sem a conotação de força.

Infelizmente, toda essa obra não teve a atenção merecida e os poucos que tomaram conhecimento dela a contestaram, com diferentes intensidades. Até porque, ela ia contra a visão aristotélica, e temos que convir que, naquele momento, suas ideias vinham arregimentando um número de seguidores e divulgadores cada vez maior.

O Sol como centro

No século III AEC, foi proposto um modelo de Universo bem diferente daquele geocêntrico que vinha sendo aperfeiçoado ao longo das décadas por diversos filósofos gregos, culminando em Aristóteles. Nesse sistema, não mais a Terra estaria no centro, mas o Sol.

Seu idealizador foi Aristarco de Samos (310-c.230 AEC), que antes de chegar ao seu modelo heliocêntrico realizou um trabalho no qual, muito provavelmente, baseou sua teoria intitulado *Sobre os tamanhos e distâncias do Sol e da Lua.* Nesta obra, Aristarco mede o ângulo entre o Sol e a Lua durante uma quadratura (momento de um quarto crescente ou minguante) e encontra o valor de 87°. Como esse é um caso particular em que o ângulo na Lua vale 90°, basta resolver o triângulo retângulo para obter uma relação de quantas vezes o Sol estaria mais afastado da Terra que a Lua, tendo em

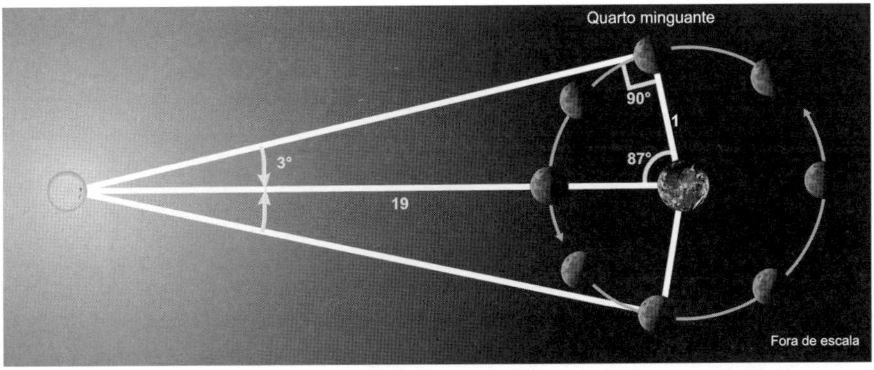

Aristarco encontrou o valor de 87° para o ângulo na Terra, concluindo assim que o do Sol seria de 3° (a soma dos ângulos internos é igual a 180°). Considerando a distância entre Terra e Lua como unitária, a distância Terra-Sol, nesse caso, seria aproximadamente 19 vezes maior.

vista que ambos os astros apresentam no céu praticamente o mesmo diâmetro angular. Aristarco calculou que o Sol estava entre 18 e 20 vezes mais afastado da Terra que a Lua, o que permite concluir que seu tamanho também teria a mesma relação com o de nosso satélite dada a peculiaridade dos diâmetros.

(O valor preciso, medido em dias atuais, do ângulo entre o Sol e a Lua é 89°51', o que permite calcular que Sol é cerca de 400 vezes maior que a Lua. Mas o valor de 87° é bastante razoável, visto que a qualidade dos instrumentos para se medir distâncias angulares naquele tempo não permitia a obtenção de dados acurados.)

Mais uma vez: para Aristarco, o Sol era cerca de 20 vezes maior que a Lua.

Além disso, Aristarco prestou particular atenção a um eclipse lunar... Como a Lua passaria através da sombra da Terra projetada no espaço, que segundo Aristarco teria praticamente o mesmo diâmetro do planeta, restaria então observar quantos diâmetros da Lua "caberiam" na sombra da Terra para obter a relação entre seus tamanhos. Sua medida durante um eclipse foi que aproximadamente duas Luas haviam cruzado a sombra terrestre e, portanto, a Lua teria a metade do tamanho da Terra.

Para seu azar, no eclipse observado a Lua não passou por toda a extensão da sombra, mas um pouco fora do seu diâmetro. Se tivesse

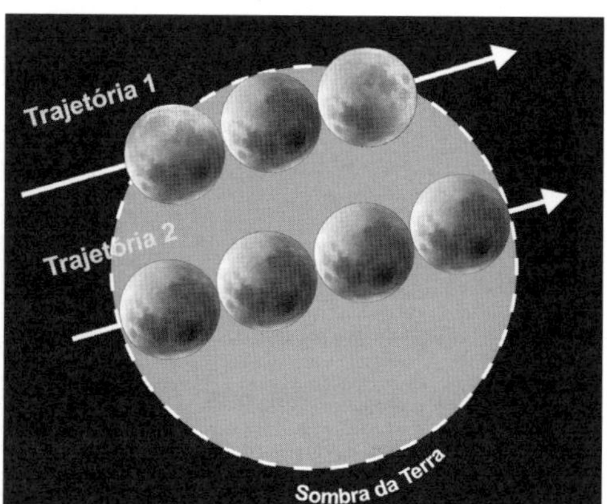

A trajetória 1 representa o que foi observado por Aristarco durante o eclipse lunar, e a trajetória 2 indica a real relação de tamanho entre a Terra e a Lua, que só pode ser percebida quando o satélite atravessa diametralmente a sombra do planeta.

atravessado todo o diâmetro, seria possível medir cerca de quatro Luas dentro da sombra da Terra, que é a relação correta entre os diâmetros desses astros.

Resumindo: Aristarco acreditava que a Terra era duas vezes maior que a Lua. Juntando-se a isso a conclusão anterior, que relacionava a Lua e o Sol, Aristarco se viu confortável em afirmar que a estrela seria pouco menos de dez vezes maior que nosso planeta, que por sua vez seria duas vezes maior que o satélite.

Assim, mesmo sem qualquer noção de uma força que atuasse à distância em favor dos corpos de maior massa, era absolutamente viável, de posse dessas informações, formular um modelo em que o maior dos corpos (tamanho aqui tem uma conotação de volume, que por sua vez remeteria à massa) fosse o centro ao redor do qual todos os outros astros girariam. Na dúvida, tente girar um objeto dez vezes mais leve e outro dez vezes mais pesado que você ao seu redor, e talvez você entenda melhor a possível visão de Aristarco.

Arquimedes

A obra na qual o modelo heliocêntrico de Aristarco foi descrito se perdeu. Porém, é possível encontrar uma referência a ela no trabalho de Arquimedes de Siracusa (c.287-c.212 AEC) intitulado *O contador de areia*, no qual ele cria uma nomenclatura para representar números muito grandes, como uma espécie de ordem de grandeza, para em seguida fornecer a quantidade de grãos de areia necessária para preencher todo o Universo.

É importante ressaltar que o modelo de Aristarco aumentava significativamente o tamanho do Universo, pois com a Terra girando ao redor do Sol e nenhuma mudança perceptível no comportamento das estrelas, pode-se concluir que elas estão muito distantes de nós, a ponto de não se aproximarem mais ou se afastarem conforme a Terra varia sua posição orbital.

Arquimedes é famoso por uma história que narram sobre ele ter descoberto uma maneira de provar se o rei de sua cidade natal havia sido enganado por um ourives, que teria utilizado prata na confecção de sua coroa, em vez de somente ouro...

Conta a lenda que a ideia de como resolver o problema teria surgido durante um banho de banheira, e que de tão animado, Arquimedes teria saído correndo pelas ruas gritando *eureca* ("descobri", em grego). Verdade ou não, o fato é que em seu tratado chamado *Sobre corpos flutuantes*, ele teria proposto o princípio posteriormente batizado com seu nome ao afirmar que "quando um corpo flutua em um fluido, seu peso é igual ao do fluido deslocado; e quando submerso, seu peso diminui proporcionalmente na mesma quantidade". Aplicando este conhecimento, acreditava-se que seria possível saber se a coroa era integralmente de ouro ou se havia prata em sua composição.

Boa parte dos historiadores, porém, defende que o método mais plausível aplicado por Arquimedes para resolver esse problema seria o da balança hidrostática, e que a história da banheira não passa de um dos muitos mitos associados ao célebre físico grego... A experiência da banheira simplesmente não permitiria a obtenção de um resultado satisfatório devido à baixa precisão associada ao método.

Ao princípio de Arquimedes está associada a noção de "densidade" de um corpo, que só seria formalmente formulada por Leonhard Euler no século XVIII. De qualquer forma, aplicando-se esse método era possível obter o peso específico de um objeto imerso em um líquido.

E falando sobre a obtenção dos pesos dos corpos, Arquimedes escreveu outro trabalho, *Sobre o equilíbrio dos planos*, em que explorava o equilíbrio dos corpos, muito aplicado nas balanças. De acordo com ele, pesos iguais presos a uma barra e postos a uma mesma distância de um ponto de equilíbrio permanecem equilibrados. Contudo, pesos iguais quando colocados a distâncias diferentes do ponto de equilíbrio se desequilibram, com o peso mais afastado deste ponto tendendo a descer enquanto o mais próximo sobe.

Aqui, é possível notar o conceito de "centro de gravidade", que nada mais é do que o ponto de aplicação da força gravitacional em que todo o peso parece estar concentrado. É sua posição relativa ao ponto de equilíbrio que determina o tipo de equilíbrio em que um corpo se encontra (estável, instável ou indiferente).

Para o leitor mais apaixonado pelas minúcias do estudo do equilíbrio, é conveniente lembrar que, a princípio, centro de gravidade e centro de massa (termos comumente aplicados como sinônimos) são conceitos diferentes, mas quando a aceleração da gravidade tem o mesmo valor em toda a extensão do objeto, um coincide com o outro. Geralmente, é esse o caso dos corpos sobre a superfície da Terra, já que qualquer variação local dessa força é muito pequena a ponto de se tornar desprezível.

Arquimedes foi um matemático e físico dos mais geniais que viveram na Antiguidade, e sua obra serviu como referência para grandes nomes da ciência que deram prosseguimento a seu trabalho durante a Idade Média e o Renascimento. Muitos deles serão apresentados nos capítulos vindouros, pois também deixaram sua contribuição na evolução do conceito de gravidade.

Deferentes e epiciclos

O paradigma aristotélico dizia que a Terra era redonda e permanecia imóvel no centro do Universo (apesar de haver um modelo dissonante, proposto por Aristarco, que usava o Sol como cerne). Mas o Universo aristotélico sofreu algumas modificações nas mãos de seus sucessores...

Apolônio de Perga (c.261-c.196 AEC), por exemplo, inventou os deferentes e os epiciclos. Seu intuito permanecia sendo o de explicar o movimento errático dos planetas ao longo do ano sem que o movimento circular abandonasse o mundo supralunar. Dessa maneira, ele descartou as várias esferas que Aristóteles havia introduzido, e chamou de "deferente" o círculo que representava a órbita do planeta ao redor da Terra.

Curiosamente, o astro não vagaria sobre o deferente, mas sim sobre o "epiciclo", um círculo menor que teria seu centro sobre o deferente. Mais uma vez os fenômenos estavam salvos, pois os movimentos permaneciam circulares e uniformes. Porém, o modelo de Apolônio ainda não era suficiente para dar conta de tudo que era observado no céu. E vale destacar ainda que os astros em epiciclos girariam ao redor de um ponto imaginário sobre o deferente, isto é, sem massa, mais uma vez uma aberração para a teoria gravitacional atual.

Quem criou o modelo geocêntrico derradeiro foi o astrônomo alexandrino Cláudio Ptolomeu (90-168), que compilou todo o conhecimento acumulado até então em sua obra-prima mais conhecida pelo nome de *Almagesto* — do árabe, "grande tratado".

Curiosamente, esse modelo não defende a ideia de que a Terra está no centro, como veremos a seguir. Por isso mesmo algumas pessoas preferem chamá-lo de "geostático", visto que nosso planeta permanece imóvel. Insistiremos na denominação mais comum "geocêntrico", reconhecendo que estamos cometendo um certo abuso de linguagem...

Um modelo definitivo?

Aproveitando algumas ideias aristotélicas, de Apolônio, e de outros astrônomos e filósofos, Ptolomeu moldou um Universo que teve uma boa aceitação. Segundo ele, a Terra permaneceria imóvel, mas agora deslocada do centro de tudo, e os planetas continuariam em seus epiciclos e deferentes, só que agora o centro do epiciclo giraria com velocidade uniforme ao redor de um ponto imaginário (ou seja, sem massa) batizado de "equante", ou como o próprio Ptolomeu chamou "centro do equalizador de movimento". Esse ponto estaria deslocado do centro do Universo a uma distância igual a da Terra. Logo, durante sua órbita, ora o astro estaria mais próximo da Terra, ora mais afastado, como é possível observar no céu, no mínimo, através da variação do seu brilho.

Todo esse aparato permite concluir que eles estavam mais próximos do que poderiam supor das órbitas elípticas. No entanto, o paradigma dos movimentos circulares ainda demoraria a ser quebrado.

Foi esse o sistema utilizado por algumas culturas, como a árabe, mas que também foi dispensado em detrimento do aristotélico

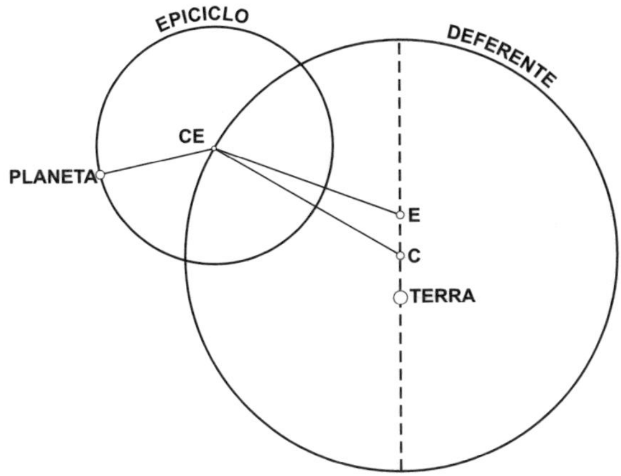

Representação do modelo com epiciclo, deferente e equante. Na figura, C é o centro do deferente; e E representa o equante. Além disso, CE é o centro do epiciclo planetário.

por outros povos, como os europeus em meados da Idade Média, por exemplo. Porém, independentemente do modelo, a gravidade não existia como conceito em nenhum desses cenários. É bom, entretanto, nos lembrarmos bem deste, idealizado por Ptolomeu, para quando se iniciar o processo revolucionário por meio do qual uma nova disposição dos astros conhecidos será proposta no início da Renascença.

Mas não pense que nesse ínterim nada foi feito para aperfeiçoar todo este emaranhado de informações, pois vários estudiosos propuseram alterações, tanto na física do mundo sublunar quanto na astronomia, que estudava o domínio supralunar. Algumas teorias interessantes vieram à luz, com alguns equívocos e acertos, e muitas curiosidades. Veremos mais adiante aquelas que mais se enquadram ao nosso tema.

Fechando a Antiguidade

Com o intuito de partir para uma análise do conceito de gravidade na Idade Média, vamos deixar a Antiguidade, apresentando algumas ideias bastante interessantes. Pensadas isoladamente, no futuro elas serão amarradas em uma mesma linha de raciocínio a fim de constituir o arcabouço teórico que unificará as físicas dos domínios sub e supralunar.

Para falar de um conceito que em muito lembrava a noção de força que age à distância, voltaremos rapidamente ao século I AEC, quando Posidônio de Rodes (c.135-51 AEC) utilizou o que pode ser traduzido como "simpatia" (*sympatheia*, em grego). Este termo era principalmente utilizado na medicina para se referir à transmissão de uma doença de uma parte do corpo para outra.

Vários filósofos usaram essa palavra em diversos contextos, mas Posidônio associou a simpatia com as marés, que foi algo que ele estudou bem, durante uma viagem à Espanha. Ao observar por vários dias esse fenômeno, ele notou que se tratava de algo periódico, e que havia alguma relação entre ele e os corpos celestes. Outros pensadores, como Sexto Empírico e Plotino, ambos no século III, também usaram o termo simpatia nesse mesmo contexto para relatar a influência da Lua nas marés. Essa afirmação transmite uma noção de que simpatia, neste sentido, seria uma força a atuar sem contato, algo que contrariava a teoria aristotélica.

Tito Lucrécio (c.99-c.55 AEC), filósofo e poeta romano, em seu tratado *Sobre a natureza das coisas*, examinou outra questão bastante relevante. Ele propôs, implicitamente, que o peso deveria ser proporcional à quantidade de matéria, partindo da pertinente pergunta: "Por que encontramos algumas coisas mais pesadas que outras de igual volume?" A fim de exemplificar, Lucrécio compara uma bola de lã com outra de chumbo de mesmo volume, comentando a evidente diferença entre a composição de ambas e seus comportamentos quando em movimento. Essa foi, de fato, uma excelente observação que certamente revisitaremos mais adiante.

Uma análise feita por Plutarco de Queroneia (c.46-120) chama bastante a atenção, principalmente porque estava bem à frente de seu tempo. Ele escreveu em sua obra *Sobre a face mostrada no orbe da Lua* que ela "tem, para ajudá-la a prevenir-se de sua queda, seu movimento e a impetuosidade de sua revolução". Tal afirmação pressupõe que a Lua é atraída pela Terra, mas não cai devido à sua órbita que, hoje sabemos, nada mais é que uma "queda controlada". Infelizmente, Plutarco não se aprofundou mais nesse assunto, e suas promissoras ideias sequer se tornaram populares nos séculos que se seguiram. Entretanto, o filósofo Simplício de Cilícia (490-560) relata em sua obra *Sobre o céu*, na qual comenta a obra homônima de Aristóteles, que alguns pensadores mais antigos trilharam um caminho semelhante ao de Plutarco, ao sugerirem que os corpos celestes não caíam devido a uma "força centrífuga".

Por fim, outro desses trabalhos influentes na evolução do conceito de gravidade é o de Papo de Alexandria (c.290-c.350), considerado um dos maiores matemáticos de seu tempo. Ele lançou o seguinte problema: "Tendo dado a força que arrasta um determinado peso ao longo de um plano horizontal, encontre a força adicional que deverá arrastar o mesmo peso ao longo de um determinado plano inclinado." Ao examinar esse caso, Papo provavelmente inaugurou o estudo sistemático do movimento em planos inclinados, que atingiria seu auge na obra de Galileu no século XVII, como veremos posteriormente.

Embora seja fácil identificar sua proximidade aumentando cada vez mais, podemos notar que a gravidade, como conceito e como termo, continuava fora dos argumentos usados por estes estudiosos para explicar o comportamento dos corpos.

3 CONTENTAMENTOS E CONTESTAÇÕES

Creio que ainda permaneça
tua mente onde iniciamos nossa via
no pelo deste que o mundo atravessa:

lá estavas quando contigo eu descia,
mas, ao virar-me, atrás permaneceu
o ponto que a si todo peso guia.*

DANTE ALIGHIERI

Entrando nas trevas?

A Idade Média começou por volta do ano 500, e é padrão vincular seu início à queda do Império Romano do Ocidente. Alguns historiadores, porém, costumam atribuir seu início ao fechamento da Academia de Atenas, em 529, a mando do imperador romano do Oriente, Justiniano I, que considerava tal instituição uma ameaça à propagação do cristianismo, adotado como religião oficial em Roma no século IV. Roma não se notabilizou pela produção científica, mas sim pela busca exacerbada de seu povo pelo desenvolvimento espiritual, a fim de se prepararem para o Paraíso pós-vida. Questões materiais vinham constantemente perdendo a importância para os seguidores dos dogmas cristãos.

Devido a isso, esse período da história é chamado por diversos autores de "Era das Trevas", pois, segundo eles, tal postura teria acarretado uma estagnação científica. Para dificultar ainda mais as

*"Inferno" (primeiro livro d'*A divina comédia*), Canto XXXIV, versos 106 a 109. Tradução de Italo Eugenio Mauro.

coisas, a Igreja Cristã impôs que todos se baseassem literalmente na Bíblia, e qualquer busca por informações diferentes daquelas poderia representar uma afronta à Igreja, passível até mesmo de morte em casos extremos.

Atualmente, vários estudiosos consideram injusta esta denominação referente ao período medieval, e atestam que as trevas não reinaram absolutas naquele tempo. Eles admitem que mesmo diante daquele obscurantismo, vários pensadores desenvolveram trabalhos significantes nas mais diversas áreas.

A gravidade não ficou de fora, e veremos a seguir os avanços mais relevantes nesse tema...

Além das terras europeias

Enquanto na Europa do início da Era Medieval o cenário não era dos mais favoráveis para a ciência, o mesmo não se pode falar da Índia, onde as condições permaneciam ideais para aqueles que buscavam desbravar tanto a ciência mundana quanto a celestial.

Porém, os eruditos da Índia Medieval, diferentemente do que se poderia esperar, não foram muito além de seus antecessores na questão dos assuntos relacionados à gravidade. O matemático e astrônomo Aryabhata (c.476-550), segundo alguns historiadores, propôs um sistema heliocêntrico, e defendeu ainda que a Terra girava ao redor de seu eixo, ideias claramente recicladas dos antigos gurus.

Já Brahmagupta (598-668), além de tratar de questões astronômicas em concordância ou discordância em relação a Aryabhata dependendo do tema, analisou também a queda dos corpos. Em seu *Brahmagupta siddhanta*, ele declara que "todas as coisas pesadas são atraídas em direção ao centro da Terra", fato este que atribui a uma "lei da natureza", assim como seria natural a água fluir e o fogo queimar, por exemplo.

Apesar de representarem um salto qualitativo em relação ao que ficou estabelecido pelos gregos, por serem mais próximas da realidade que nos cerca, estas propostas eram, basicamente, as ideias lapidadas dos antigos hindus, e acabaram por não repercutir muito, provavelmente, devido à abordagem superficial a que foram submetidas. Talvez sua principal contribuição tenha sido estimular os árabes que as estudaram em seguida e, na medida do possível, aproveitaram alguns de seus conceitos.

A salvação árabe

Os filósofos muçulmanos tiveram uma participação importantíssima na história da ciência. Além de aprimorar os trabalhos de diversos pensadores da Antiguidade, eles também lançaram ideias originais sobre vários temas relevantes, inclusive o assunto principal deste livro, a gravidade.

Com base nos preceitos do Corão, que, como escreveu Timothy Ferris em seu *O despertar na Via Láctea*, estimulava a "prática do *taffakur*, o estudo da natureza, e do *taskheer*, o domínio da natureza pela tecnologia", os árabes eram religiosamente incentivados a desenvolver a prática científica. Por meio de observações sistemáticas e do aperfeiçoamento de instrumentos astronômicos e da matemática como ferramenta indispensável, que já havia sofrido um avanço notável nas mãos dos hindus, os estudiosos islâmicos foram capazes de expandir os conhecimentos acerca da astronomia e do movimento dos corpos.

Geralmente as obras gregas eram revisitadas e discutidas, às vezes sendo contestadas, outras endossadas e até incrementadas. Havia ainda alguns casos em que se partia de uma premissa totalmente original. Foi o que fez o filósofo Abu Yusuf al-Kindi (c.801-873). Em seu tratado *Sobre raios (solares)*, ele declarou que os astros exerceriam uma força sobre os objetos e sobre as pessoas. Essa força estaria associada à radiação dos astros, que se propagaria em linha reta pelo espaço e influenciaria as coisas na Terra. Esse pensamento pode gerar uma certa dúvida no leitor moderno, pois apesar de parecer implícita a noção de uma força agindo à distância, sua explicação está mais para um conceito primordial de "onda", pois segundo al-Kindi, os raios estelares interagiriam com o meio, de forma que este transmitiria a "informação" para o corpo, uma espécie de propagação.

Mas quem mais se destacou entre os pensadores árabes foi Abu Rayhan al-Biruni (973-1048), que contribuiu imensamente com a física dos mundos sub e supralunar. Considerado um dos maiores cientistas islâmicos, esse polímata persa conhecia as teorias propostas por gregos e hindus, e se preocupou especificamente em buscar a verdade dos fatos. Ao se defrontar com a questão da rotação terrestre e do sistema heliocêntrico defendidos por Aryabhata, por exemplo, ele teria afirmado que essas ideias não poderiam ser refutadas matematicamente, e que esse debate era de cunho filosófico. E isso condiz com a realidade, pois, se bem construídos, os modelos geocêntrico e heliocêntrico serão diferentes um do outro apenas por uma questão de referencial, na qual o geocêntrico acaba levando vantagem, devido ao fato de o observador estar na superfície da Terra. Logo, tudo parece se mover em relação a esse referencial "estático".

Em uma série de artigos publicados por Rafik Berjak e Muzaffar Iqbal intitulados *Ibn Sina — al-Biruni correspondence*, foram divulgadas perguntas e respostas trocadas através de cartas entre al-Biruni e o peripatético islâmico Avicena, nome latinizado de Abu'Ali ibn Sina (980-1037).

Nessas correspondências, al-Biruni confronta algumas ideias aristotélicas, fazendo questionamentos extremamente pertinentes sobre as coisas do céu e da Terra. Entre suas perguntas a Avicena, ele quis saber as razões aristotélicas usadas para justificar a ausência de leveza ou de peso nas esferas celestes. Em outra questão, al-Biruni cogita a possibilidade de existência de outro mundo além do nosso, de natureza diferente, que colocaria em xeque a imutabilidade no céu. Em ambos os casos, podemos perceber que ele já considerava que a física do mundo sublunar poderia se estender ao domínio supralunar. E para tornar ainda mais interessante sua proposta de outro mundo nas esferas celestes, faltou apenas que ele analisasse o movimento natural dos corpos neste outro planeta. Será que ele se daria radialmente em relação ao centro da Terra, ou ao centro do novo mundo? Certamente esse raciocínio seria um grande passo na unificação das físicas de Aristóteles, passo que infelizmente não foi dado.

É perceptível nessas correspondências que al-Biruni declarou uma espécie de "perseguição aos arredondados". Primeiramente, ele questionou o motivo pelo qual o movimento circular seria uma propriedade inata dos astros e, em seguida, o porquê da forma esférica do céu. Para esta última colocação, al-Biruni supôs um formato elíptico, descartado pelos peripatéticos, segundo eles por gerar um vácuo, algo que ainda os assombrava.

Ao abordar apenas a física da região sublunar, cujo tema era a queda dos corpos, ele parecia acreditar que todas as coisas caíam em direção ao centro da Terra, desconsiderando assim a existência da leveza. Al-Biruni pergunta a Avicena: "Quem está correto? Aquele que diz que água e terra se movem em direção ao centro e ar e fogo se movem para longe do centro ou aquele que diz que tudo se move em direção ao centro, mas o mais pesado chega ao centro antes do mais leve?"

(Nota-se que al-Biruni acertou ao descartar o conceito de leveza, que impulsionaria os objetos para cima, mas errou ao afirmar que objetos mais pesados cairiam mais rapidamente que objetos mais leves...)

No entanto, devemos destacar ainda a enorme contribuição árabe que não diz respeito à obra de um filósofo em particular, mas ao trabalho conjunto e despretensioso que eles tiveram ao traduzir e manter viva a chama do conhecimento grego. Membros da Igreja Cristã do início da Idade Média não titubeavam em destruir os tratados gregos sob a acusação de sacrilégio contra as Sagradas Escrituras. Não fosse pelos eruditos islâmicos, muito provavelmente boa parte de todo o conhecimento acumulado teria se perdido para sempre.

Que caiam os graves

No início do século VIII, o Império Muçulmano começou a se estabelecer na Península Ibérica, e os árabes passaram a atuar como intermediários entre o legado grego e os europeus medievais. Apesar de toda resistência devido às questões religiosas, com o passar do tempo vários filósofos da Europa Medieval, mesmo aqueles ligados à Igreja, começaram a tomar conhecimento do avanço científico empreendido pelos povos grego e árabe. Como a língua mais usada nessa região era o latim, passaram a traduzir para esse idioma os mais diversos tratados que encontravam, principalmente em árabe.

E é assim que surge o termo que é objeto de nosso estudo: gravidade. E no contexto que nos interessa, pois ao se referir a objetos de grande peso, as traduções latinas usavam a palavra cuja raiz é o adjetivo *gravis*, grave, que significa "pesado".

Não é possível precisar a primeira vez que esse termo foi empregado. Além disso, na língua latina é comum encontrarmos declinações de uma mesma palavra dependendo de alguns fatores, como sua classe gramatical, por exemplo, mantendo-se apenas seu radical. Por isso, às vezes, pode-se encontrar os termos *gravius*, *gravitas* ou algum outro com a raiz *grav-* em uma frase cujo assunto é o peso.

Contudo, a disseminação dessa nova nomenclatura foi facilitada com o surgimento das primeiras universidades na Europa a partir do século XI, visto que o latim era o idioma corrente nas universidades de Bolonha, Paris, Oxford, entre outras, que utilizaram a maioria daquelas obras traduzidas.

Ainda nessa época, alguns conceitos relacionados à gravidade sofreram mudanças relevantes que os aproximaram de suas definições atuais. O filósofo judeu Solomon ibn Gabirol (c.1021-c.1058), cujo nome latinizado era Avicebron, com um raciocínio simples, mas incipiente, contribuiu com a noção de "inércia". Segundo ele, substâncias extensas e pesadas seriam mais imóveis que outras mais leves. É importante frisar que, para Gabirol, "matéria" e "substância" eram coisas diferentes: a primeira seria algo disposto a receber uma forma, enquanto a outra, a matéria que já tem uma forma.

Autor do tratado *O livro do equilíbrio da sabedoria*, o filósofo islâmico Abd al-Rahman al-Khazini (fl.1115-c.1130) afirmou que corpos pesados em queda se movem em direção ao centro do mundo devido a uma força inerente. Porém, ainda mais interessante foi sua proposição de que a *thiql* (em árabe, que muitos autores traduzem como "gravidade") dos corpos dependia de suas distâncias em relação ao centro da Terra.

Mohammed Abattouy, em seu artigo intitulado "The islamic science of weights and balances", diz que essa ideia antecede "o conceito de peso posicional (*gravitas secundum situm*)", formulado, de acordo com ele, no século seguinte.

A gravidade dos pecados

No século XIII, vários membros da Igreja Cristã que tiveram a oportunidade de estudar nas universidades medievais contribuíram significativamente com o estudo da gravidade. O frei franciscano Giovanni Fidanza (1221-1274), que em 1482 foi canonizado e passou a ser chamado de são Boaventura, explicou o movimento dos corpos em queda através de uma proposta deveras peculiar. Em seu *Comentário aos quatro livros de sentenças*, ele afirmou que os objetos pesados se moviam devido a uma força expelida pelos corpos celestes.

Ainda de acordo com Boaventura, essa repulsão atenuava conforme a distância aumentava, ou seja, quanto mais próximo do centro da Terra, menor seria a aceleração do objeto, fato que realmente acontece, mas por razões completamente diferentes...

O frade dominicano são Tomás de Aquino (1225-1274), chamado de "o mais sábio dos santos", estudou e, posteriormente, lecionou na Universidade de Paris. Como admirador do pensamento de Aristóteles, propôs um amálgama do cristianismo com a cosmovisão aristotélica, a qual difundiu intensamente como clérigo e mestre. Seu acréscimo a essa ideia foi a substituição do que ficou conhecido como "motor primordial" pelo próprio Deus, que passou a ser o responsável pelo movimento das esferas celestes. Defendeu também uma relação entre fé e razão, sustentando que filosofia e teologia não se opõem, e sim, diferentemente, complementam-se.

Em sua *Suma teológica*, Tomás de Aquino afirmou que "os movimentos dos corpos aqui abaixo, que são variados e multiformes, devem ser referidos aos corpos celestes". Ele, porém, acreditava ser "impossível que os corpos celestes sejam a causa dos atos humanos", por achar que esta influência eliminaria o livre-arbítrio, já que submeteria as pessoas à vontade dos astros. A fim de exemplificar esse efeito que os objetos celestes exerceriam sobre as coisas, o santo comentou que "os marinheiros evitam navegar no plenilúnio [lua cheia] ou na lua defeituosa [lua nova, muito provavelmente]", em uma alusão clara às marés, que se intensificam nestes períodos.

Seu discípulo, o arcebispo de Bourges, Aegidius Romanus (c.1243-1316), foi, segundo Max Jammer, em seu *Concepts of Mass in Contemporary Physics and Philosophy*, o primeiro a introduzir uma definição explícita de "quantidade de matéria" (*quantitas materiae*, em latim) "como uma medida de massa ou matéria, independentemente de determinação de volume ou peso".

Esse conceito explicava satisfatoriamente para os pensadores religiosos uma questão delicada que causava muita discussão naquela época: a transubstanciação eucarística. Com uma certa dose de empirismo, a criação de outros conceitos auxiliares e alguns argumentos interessantes, Aegidius supriu as necessidades daqueles que buscavam uma explicação para a "transferência" do corpo de Cristo para a hóstia consagrada, sem um acréscimo de densidade ou de qualquer outra característica.

Uma amostra do alcance do arcabouço científico-religioso lançado por são Tomás de Aquino pode ser encontrada na obra máxima do célebre poeta florentino Dante Alighieri (1265-1321). Considerado por Carmelo Distante como "o homem-síntese da Idade Média", Dante é o autor da *Comédia*, posteriormente elevada ao grau de *Divina*. Foi utilizando-se do pensamento tomista, provavelmente conhecido por ele durante o período em que estudou na Universidade de Bolonha, que construiu o mundo imaterial de seu poema épico. Nesse mundo, Distante diz no prefácio de *A divina comédia*, há uma "correspondência entre a pena a que as almas danadas são submetidas eternamente no 'Inferno'... e a gravidade do pecado perpetrado durante a vida terrena". Esse Inferno era dividido em nove círculos, em que a luxúria era o pecado menos grave, por isso situado na região mais externa, e a traição contra seus benfeitores era o pecado mais grave, ocupando, portanto, o círculo mais profundo.

O trecho citado no início deste capítulo descreve o momento em que Dante atravessa juntamente com o mestre Virgílio o centro da Terra, identificado por ele como "o ponto que a si todo peso guia", partindo em seguida para o Purgatório.

O último estágio de sua viagem insólita é o Paraíso, apresentado ao leitor segundo a cosmologia medieval tomista (o próprio são Tomás de Aquino pode ser encontrado lá), onde Deus foi descrito como "o amor que move o Sol e as outras estrelas".

Tendo em vista a dimensão atingida pela *Comédia* de Dante, uma das obras literárias mais lidas de todos os tempos, e pelas demais obras já comentadas aqui, fica fácil imaginar que o Universo proposto por Aristóteles, após sofrer algumas alterações, permaneceria por mais alguns séculos estabelecido como o modelo ideal para explicar a natureza do céu e da Terra.

Ainda assim, Tomás de Aquino, em seu comentário da obra aristotélica *Sobre o céu*, havia observado que "as suposições dos astrônomos não são necessariamente verdadeiras", e que seria possível "conceber que o movimento dos planetas venha a ser explicado de uma outra maneira, que até agora não foi descoberta". É curioso que um membro tão célebre da Igreja tenha cogitado essa possibilidade, mas, de fato, veremos adiante que o Universo aristotélico-ptolomaico sofrerá uma revolução nas mãos de grandes gênios da ciência.

É preciso ter ímpeto

O estudo do movimento de um projétil foi de suma importância para a evolução do conceito de gravidade. Quando Aristóteles abordou esse tema, sua explicação deixou muito a desejar, uma vez que ele defendia que o movimento violento cessava assim que o contato terminava. Como justificar então a continuidade do voo de um projétil se o agente causador do movimento já não estava mais em contato com o objeto? Aristóteles argumentou que o próprio ar deslocado para trás durante o movimento empurraria o projétil, fenômeno que ele chamou de *antiperistasis*.

Ao analisar a trajetória desse movimento, Aristóteles falhou novamente. Para ele, ela seria definida por duas linhas retas e um arco de círculo. Uma das linhas retas representaria a ascensão do projétil pelo

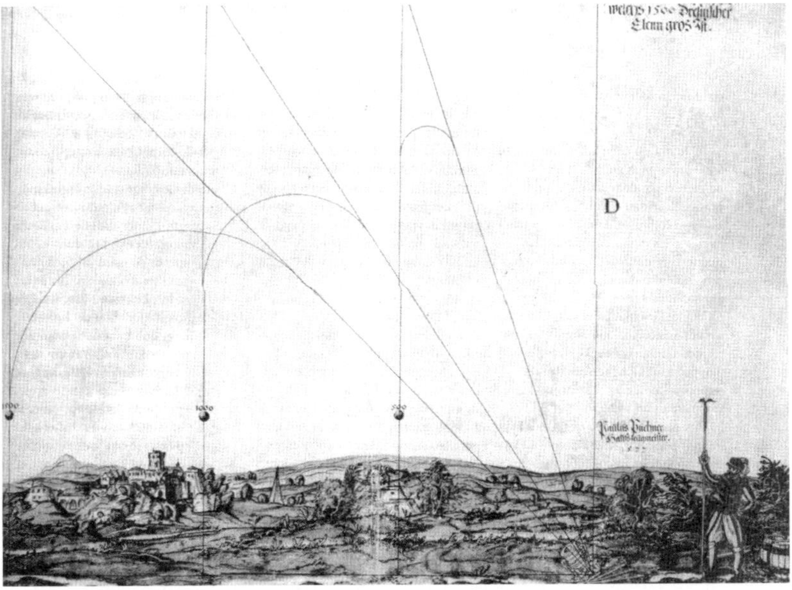

Ilustração de Paulus Puchner, da segunda metade do século XVI, na qual se pode notar a influência aristotélica na construção das trajetórias dos projéteis para diferentes ângulos de arremesso.

movimento violento e seria inclinada em relação ao chão no mesmo ângulo do arremesso; a curva definida pelo arco de círculo ocorreria devido à dissipação que o "empurrão" do ar sofreria ao longo do tempo; e a outra linha reta representaria o movimento natural, ou seja, a queda vertical do projétil. Obviamente, nada disso representa a realidade, mas foi o melhor que Aristóteles pôde fazer para salvar os fenômenos conforme os ensinamentos de seu mestre Platão, já que a "perfeição" estava associada à linha reta e ao círculo.

Um filósofo alexandrino chamado Iohannes Philoponus (c.490-c.570), também conhecido como João o Gramático, se opôs às ideias aristotélicas sobre esse assunto e alguns outros. De acordo com ele, ao ser arremessado, um corpo recebe uma espécie de força motriz, que seria transferida do lançador para o projétil, permanecendo nele mesmo após o fim do contato. Com o passar do tempo, tal "força" se dissiparia espontaneamente, fazendo com que o movimento se encerrasse. Mais tarde, essa ideia ganhou o nome de "teoria do ímpeto" (*impetus*, em latim). Esta noção pode ser considerada como o conceito primordial de "inércia".

Sobre os corpos em queda, Philoponus analisou seus movimentos e concluiu que mais uma vez Aristóteles havia se equivocado, ao afirmar que o tempo para os objetos atingirem o chão variava conforme seus pesos. Ele constatou, com observações de que se os pesos não diferissem muito — por exemplo, se um fosse duas vezes mais pesado que o outro —, a diferença no tempo que ambos levariam para chegar ao solo seria muito pequena, praticamente imperceptível. Temos de convir que se trata de uma resposta extremamente aceitável para o problema, levando-se em conta os recursos disponíveis e a coragem para cometer a "heresia" de contestar a física aristotélica.

Philoponus foi certamente um filósofo à frente de seu tempo. E mais uma prova disso foi dada quando ele antecipou que não haveria diferenciação entre os domínios sub e supralunar, isto é, que as mesmas propriedades físicas poderiam ser vistas tanto na Terra quanto no céu. Infelizmente, sua obra foi desprezada por cerca de 600 anos, sendo revisitada apenas no século XIV.

Uma espécie de força

Antes, porém, no século XIII, vamos nos defrontar com o trabalho do monge franciscano Roger Bacon (c.1214-1294). Formado pela Universidade de Oxford, onde aprendeu sobre a obra de Aristóteles, foi lá também que tomou conhecimento das ideias do filósofo e clérigo inglês Robert Grosseteste (c.1170-1253).

Grosseteste foi o responsável por expandir o conceito de "espécie" (em latim, *species*), bastante aplicado por Bacon em seus tratados. Esse termo havia sido muito usado anteriormente no domínio da ótica pelos neoplatônicos para se referirem à "imagem", entre outras coisas, que segundo esses pensadores, estaria relacionada a emanações. No sentido que utilizaremos "espécie", outra palavra já vista por nós teve aplicação semelhante: "simpatia".

Anastasia Itokazu, em seu artigo "A força que move os planetas", afirma que "Grosseteste explica toda causalidade e todo movimento natural através de *species* que correspondem a potências (*virtutem*), que se propagam segundo leis geométricas, através das quais um ser age sobre outro espacialmente distante". A partir dessa noção, os eruditos medievais se viram diante de um tipo de força que atuava à distância. Bacon se aproveitou deste conhecimento, adaptando-o a suas ideias.

Em sua abordagem, ele uniu a proposta de Grosseteste com o pensamento de al-Kindi no século IX. Bacon imaginou que, em um meio, a espécie gerada sucessiva e continuamente por um agente, desencadearia uma reação que, ao atingir um corpo sensível a seu efeito, excitaria sua atividade potencial peculiar. Essa ação à distância, porém, se atenuaria progressivamente.

A teoria das espécies de Bacon foi aplicada nas mais diversas tentativas de explicar fenômenos naturais, como a gravidade e a atração magnética. Max Jammer, em seu livro *Concepts of force*, informa que "a atração do ferro em direção aos ímãs é frequentemente explicada na literatura da Idade Média pelo conceito de espécie de Bacon". Ainda segundo Jammer, "a ação à distância é reduzida assim a uma cadeia de processos de contatos contíguos".

É atribuída a Bacon também a primeira receita para se produzir pólvora. Como se sabe, o explosivo foi inventado pelos chineses no século IX. Como Bacon se dedicava também à alquimia, sua descoberta muito provavelmente se deu de forma independente... Pois a invenção da pólvora levou à construção das primeiras armas de fogo na Europa Ocidental, anos mais tarde. No entanto, a eficiência desses armamentos era comprometida pelo desconhecimento dos atiradores sobre o comportamento do projétil durante seu lançamento, embora causassem transtornos nas linhas inimigas quando usados em guerras. E somente com um estudo profundo acerca do movimento de corpos arremessados por impulsão seria possível otimizar os resultados da utilização de armas desse tipo, como veremos mais adiante.

Outro importante membro da ordem franciscana foi o filósofo inglês William de Ockham (c.1288-c.1347), que estudou teologia na

Universidade de Oxford. Não há cientista moderno que não saiba citar a "navalha de Ockham", que, nas palavras de seu criador, diz que "é vão fazer com mais o que pode ser feito com menos". De acordo com esse princípio, qualquer premissa supérflua para se explicar um fenômeno deve ser descartada. O frade acreditava que a natureza optava sempre pelo caminho mais simples, e defendeu que não era necessária uma causa para que os movimentos ocorressem. Logo, para ele, as teorias da espécie ou do ímpeto seriam premissas descartáveis, bem como a base da física aristotélica do lugar natural.

O argumento de Ockham neste caso do movimento foi bastante infeliz, pois ele acreditava que para um corpo entrar em movimento não seria necessário nenhum agente para causá-lo, o que sabemos que está incorreto. Isso não invalida sua "navalha", que até hoje é aplicada satisfatoriamente em outras situações, sendo conclamada sempre que um problema apresenta mais de uma solução. A mais simples prevalecerá!

Pluralidade de mundos

O filósofo e padre francês Jean Buridan (c.1300-1358) foi discípulo de William de Ockham na Universidade de Paris. Na primeira metade do século XIV, Buridan tornou-se reitor dessa instituição, na qual teve a oportunidade de desenvolver ainda mais o conceito de ímpeto. Sua contribuição é considerada por alguns historiadores como o início da retomada científica, que culminaria na obra dos gigantes renascentistas.

Sua teoria do ímpeto, porém, diferia daquela de Philoponus, pois Buridan rejeitava a ideia de uma força motriz que se dissipava espontaneamente. Para ele, o fenômeno se dava da seguinte maneira: "Após deixar o braço do impulsor, o projétil seria movido por um ímpeto conferido por aquele." No entanto, esse movimento, que poderia prosseguir infinitamente, seria corrompido por influências externas, como a resistência do ar e até mesmo a gravidade, isto é, o movimento se reduziria de fato, mas não espontaneamente.

Buridan argumentou também que o ímpeto imposto pelo lançador do projétil era diretamente proporcional à velocidade e a quantidade de matéria do corpo arremessado. Essa noção lembra bastante o conceito moderno de "momento", chamado por alguns autores de "quantidade de movimento".

Ainda segundo ele, sua teoria se estenderia ao domínio supralunar, ao afirmar que Deus teria fornecido o ímpeto inicial que acarretou o movimento dos astros. Como não existia resistência nas esferas celestes, a continuidade desse deslocamento não estaria comprometida. Assim, ao proclamar que tanto o céu quanto a Terra estariam sujeitos às mesmas leis, começava a surgir, mesmo que implicitamente, uma unificação dos dois mundos, que foi corroborada, praticamente na mesma época, mas sob uma ótica diferente, por seu mentor, William de Ockham.

No caso de Ockham, vislumbrou-se a possibilidade de existência de outros mundos como a Terra nas esferas celestes. Mas ele foi além daquela proposta de al-Biruni discutida anteriormente. Sua hipótese foi importante, porque Ockham presumiu que o movimento natural dos corpos ocorreria nesse suposto outro planeta em função do seu centro, e não mais do centro do Universo (que coincidia com o centro da Terra na visão aristotélica). Mais uma vez: para Aristóteles, toda queda se dá em direção ao centro da Terra! Imaginemos, por exemplo, um astronauta na superfície da Lua deixando um corpo terreno cair de sua mão. Segundo os peripatéticos, esse objeto viria na direção do centro da Terra, em vez de cair em direção ao centro da Lua. Com esse argumento eles refutavam a existência de outros mundos. Para Ockham, um objeto pesado largado na superfície de um outro mundo tenderia a cair em direção ao seu centro, e um leve subiria até a região reservada para seus iguais. Desta vez fica ainda mais notável a aplicação da mesma física no céu e na Terra, mas ainda assim, a física do lugar natural.

O filósofo alemão Alberto da Saxônia (c.1316-1390) foi bastante influenciado pelas ideias de Ockham, que aprofundou ainda mais. Ele havia sido pupilo de Buridan na Universidade de Paris, da qual posteriormente também se tornou reitor, e ao tomar conhecimento dos estudos de Ockham sobre a possibilidade de outros mundos como a Terra, resolveu contribuir com a questão. Alberto defendeu que um corpo terreno sempre tenderia em direção ao centro do mundo mais próximo, independentemente de sua origem (da Terra ou de outro planeta). Ao considerar o caso particular no qual o corpo estaria exatamente entre os centros de dois mundos, ele afirmou que tal objeto "pode permanecer em repouso entre eles como um pedaço de ferro entre dois ímãs atraindo-o com força igual".

Essa não foi a primeira vez que fenômenos gravitacionais foram comparados com magnéticos e nem será a última. O que é interessante, já que ambas as forças possuem algumas semelhanças. E, afinal de contas, a atração do ferro pelo ímã pode ser considerada o melhor exemplo naquela época de uma força que age à distância, noção que aos poucos começava a ser incorporada à gravidade. O curioso é que naquele período alguns eruditos acreditavam que ambas tinham a mesma origem.

A cinemática dos corpos

Durante a segunda metade do século XIV, o grupo hoje conhecido como "os calculistas de Oxford" desenvolveu na Inglaterra um belíssimo trabalho acerca do movimento dos corpos. Interessados em analisar as variações de qualidades como temperatura, coloração, densidade e até mesmo as alterações na intensidade da qualidade do movimento, a "velocidade", alguns membros do Merton College, como Thomas Bradwardine (c.1290-1349), William Heytesbury (c.1310-c.1372) e Richard Swineshead (fl. c.1340-1354), destacaram-se ao se dedicar a um ramo da física até então desprezado: a cinemática (área da mecânica que aborda o movimento dos corpos, sem se preocupar com suas causas).

O primeiro foi arcebispo de Canterbury e é autor do *Tratado das proporções das velocidades nos movimentos*, de 1328, no qual analisa quantitativamente a regra de proporção aristotélica, cuja formulação, como vimos, dizia que a velocidade com que um objeto cai é inversamente proporcional à densidade do meio em que ele se encontra. Bradwardine aprimorou essa noção, propondo uma relação exponencial entre a velocidade e as forças envolvidas. Luca Bianchi escreveu, em seu artigo "A física do movimento", que pela suposição de Bradwardine "a velocidade V crescia aritmeticamente, enquanto a relação entre a força [*motriz*] F e a resistência R aumentava geometricamente".

Já William Heytesbury teria sido o principal articulador na criação do "teorema da velocidade média", também chamado de "regra de Merton", importantíssimo para o futuro da física. Ao analisar as alterações que a qualidade "velocidade" poderia sofrer, classificaram-nas como: uniformes (aquelas que não variam com o tempo); uniformemente disformes (as que sofrem uma mudança constante); e disformemente disformes (aquelas que podem ser alteradas de qualquer maneira).

Com essas definições em mente e algumas relações preestabelecidas entre as três possíveis alterações, os calculistas constataram que um corpo em "movimento uniforme", isto é, com velocidade constante, percorre a mesma distância em um mesmo intervalo de tempo que outro em "movimento uniformemente disforme", ou seja, constantemente acelerado, se a velocidade do primeiro for igual à velocidade média do segundo.

A fim de elucidar essa questão, vamos resolver esse problema, utilizando valores numéricos: consideremos que um móvel partiu do repouso (velocidade inicial nula) executando um movimento uniformemente disforme, tenha atingido 120km/h após percorrer 1km em 1min. A velocidade média nesse caso é a final menos a inicial, dividida por dois, que dá 60km/h. Logo, pela regra de Merton, um segundo móvel em movimento uniforme com a velocidade média do anterior, 60km/h, cumpriria exatamente a mesma distância no mesmo intervalo de tempo.

Esse teorema mostrou-se extremamente satisfatório no que diz respeito à cinemática e sua aplicação tornou-se corrente ao longo dos anos. Aproximadamente um século depois, o padre espanhol Domingo de Soto (1494-1560), que foi professor da Universidade de Salamanca, notou que a regra de Merton poderia ser utilizada no estudo do movimento dos corpos em queda livre.

O terceiro matemático, Richard Swineshead, analisou por meio da lógica a densidade dos corpos em seu *Livro de cálculos*. Segundo ele, uma coisa seria rarefeita na razão da quantidade de sua matéria. Em um artigo sobre sua obra, o autor John Longeway informou que Swineshead considerava que um corpo pesado, ao se aproximar do centro do Universo, se moveria cada vez mais lentamente sem jamais atingir este ponto.

(Curiosamente, esta ideia descreve com bastante acurácia o que aconteceria se um objeto caísse em direção a uma massa muito grande. As deformações espaçotemporais, prescritas pela Relatividade Geral, e que serão abordadas na segunda parte deste livro, causariam, para certos referenciais, a impressão de que a queda nunca terminaria, ou seja, de que o objeto jamais atingiria o corpo de massa enorme!)

Por sua contribuição, Swineshead foi reconhecido por diversos cientistas renascentistas. Até Leibniz, um dos pais do cálculo, prestou deferência a Swineshead, que com o tempo estranhamente perdeu essa fama. A obra dos mertonianos seria corroborada séculos mais tarde por ninguém menos que Galileu Galilei, que, como veremos, foi o responsável pela solução definitiva acerca do movimento dos corpos em queda livre.

4 Como começa uma revolução?

> Quanto a mim, penso que a gravidade não passa de uma certa apetência natural implantada nas partes pela providência divina do Arquiteto universal, para que elas restaurassem sua unidade e integridade reunindo-se na forma de um globo. E pode-se crer que esta afeição também está no Sol, na Lua, e nos outros corpos errantes brilhantes, e que, graças à sua eficácia, eles permanecem esféricos como se apresentam.
>
> Nicolau Copérnico

Amadurecendo ideias

As coisas começam a tomar forma (literalmente) quando outro discípulo de William de Ockham utiliza o trabalho dos calculistas de Oxford na análise do movimento dos corpos. Trata-se do francês Nicole d'Oresme (c.1320-1382), polímata, bispo de Lisieux e mestre da Universidade de Paris. Em meados do século XIV, ele desenvolveu uma forma de representar graficamente os tipos de movimento discutidos pelo teorema da velocidade média.

(O frade franciscano Giovanni di Casali já havia explorado antes de Oresme a representação gráfica do movimento em seu tratado *Sobre a velocidade do movimento de alteração*, de 1346. Porém, pelo que se sabe, a descoberta de Oresme se deu de forma independente.)

Em seus gráficos, o francês marcava ao longo de uma linha horizontal as "longitudes", que representariam os instantes de tempo do movimento. Em seguida, para cada um desses pontos haveria retas perpendiculares à primeira linha, que seriam as "latitudes", que neste caso eram as velocidades. Um estudo meticuloso do movimento uniforme e do uniformemente disforme nesse tipo de gráfico permitiu a ele verificar geometricamente a regra de Merton, citada no capítulo anterior. Afinal, as áreas definidas abaixo da linha que representava a evolução do movimento eram iguais às distâncias percorridas pelos móveis em ambos os casos que, obviamente, tinham o mesmo valor, o que corroborava com o teorema. Muito provavelmente, esse trabalho foi a fonte inspiradora de Descartes para desenvolver seus eixos de coordenadas, no século XVII.

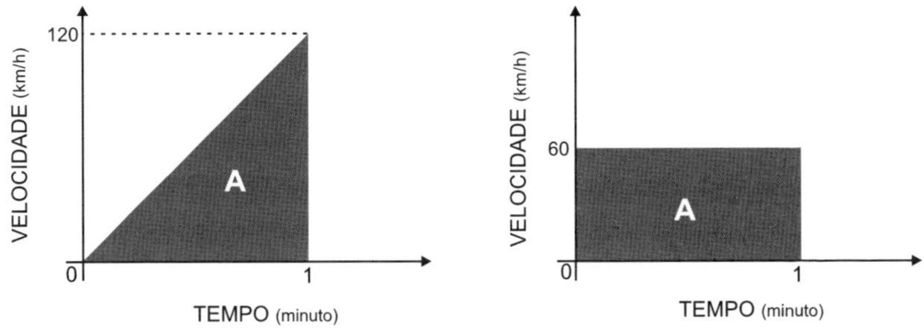

Visualização moderna dos gráficos de movimento uniformemente disforme (ou variado, como é habitualmente chamado na linguagem coloquial) e uniforme. Em ambos os gráficos, as áreas definidas (A) são iguais.

Heresias sutis

Em seu *Livro do céu e do mundo*, Nicole d'Oresme descartou a teoria do ímpeto nas esferas celestes, pois, como os tomistas, ele acreditava que Deus responderia pelo movimento constante dos astros. Já o movimento dos corpos da região sublunar, segundo Oresme, seria uma mistura da física do lugar natural com a ideia platônica segundo a qual os iguais tendem a se unir. Na verdade, seus trabalhos parecem uma miscelânea de diversas ideias já apresentadas aqui.

Sobre a proposta de seu mentor acerca da existência de outros mundos, Oresme a aceitou, visto que, para ele, com seu poder infinito, Deus poderia facilmente criar quantos mundos quisesse. Ao escrever sobre o tema, confessou que tinha o hábito de exercitar sua mente com uma ideia interessantíssima: a de mundos dentro de outros, similares, porém menores. Se considerarmos a hierarquia cosmológica do Universo atual, veremos que não estava tão distante assim da realidade.

Além disso, de acordo com alguns estudiosos do período medieval, Oresme vislumbrou a possibilidade de um sistema cujo centro não seria a Terra, mas sim o Sol. Essa visão herética poderia ter lhe causado problemas junto à Igreja, da qual era membro, mas é difícil saber ao certo se seus integrantes tomaram conhecimento dessa ideia enquanto o monge era vivo.

Outro "sacrilégio" que ele teria cometido foi retomar as discussões sobre o movimento de rotação terrestre. Assim como Buridan, que também analisou essa possibilidade, e outros filósofos mais antigos, o maior problema era encontrar uma comprovação desse giro que a Terra executaria ao redor do seu eixo. Como sabemos, a maioria optava pelo movimento celeste, mantendo a Terra estacionária, apesar de, astronomicamente, este movimento ser absolutamente viável, conforme al-Biruni havia anunciado.

Buridan, com o intuito de mostrar que sua proposta era correta, buscou inspiração em Aristóteles e argumentou que se uma flecha fosse atirada para cima em uma Terra em rotação, ao cair ela não retornaria à posição de lançamento, que deveria ter se deslocado devido ao movimento diurno. Como a flecha volta para a mão do lançador, esta seria a comprovação de que não havia rotação alguma.

Por outro lado, Oresme afirmava que a flecha atirada verticalmente compartilharia do movimento de rotação da Terra. Desta maneira, quando arremessada para cima, além deste movimento violento, teria o movimento de rotação impregnado nela, e por isso retornaria a posição inicial. Ele defendia que o fato de a Terra girar ao redor do seu eixo simplificaria as coisas. Todavia, alguns historiadores narram que ao final de sua vida, Oresme teria descartado esta opinião.

Independentemente disso, o fato é que sua obra influenciou grandes pensadores que vieram a seguir. De Leonardo da Vinci a Descartes, passando por Copérnico e Giordano Bruno, Oresme pode ser considerado coautor informal de ideias fantásticas que revolucionariam a história da ciência.

Renascença

Para a maioria dos historiadores, a tomada da capital do Império Bizantino, Constantinopla, no ano de 1453, representa o marco inicial de um período extremamente importante para a ciência: o Renascimento. A chegada na Europa Ocidental de intelectuais saídos da cidade turca teria servido como estímulo para essa revolução cultural que teve início na Itália, e se propagou por várias cidades europeias.

Obviamente, o *status quo* não mudou da noite para o dia. Outros diversos fatores contribuíram para que esse movimento de redescoberta artística e científica, gradualmente, se estabelecesse. Certamente, a invenção da prensa tipográfica por Johannes Gutenberg (c.1400-1468), em meados do século XV, foi mais um desses fatores. Com esse advento, a quantidade de livros disponíveis passou a crescer exponencialmente, o que permitiu uma redução no custo das publicações, tornando-as mais acessíveis. Os clássicos greco-romanos, que estavam em alta no período renascentista, passaram a ser amplamente divulgados e estudados.

E se Dante anteriormente foi considerado o homem-síntese da Idade Média, permita-me transferir esse título para o polímata italiano Leonardo da Vinci (1452-1519) no Renascimento. Personagem emblemático dessa era, além do legado sempre mostrado nos mais diversos livros, exposições e programas de televisão, Da Vinci contribuiu também, de forma não tão significativa (verdade seja dita), com a noção de gravidade. Todavia, como sua obra apresenta trechos interessantes nessa área, destacaremos a seguir algumas de suas ideias.

Da Vinci e a gravidade

Da Vinci, como ainda era comum naquele tempo, foi bastante influenciado pela física aristotélica em seus argumentos. Mas também vislumbrou novas possibilidades em relação à questão do movimento dos corpos. Ele defendia que o calor e o frio causariam o movimento dos elementos, e como acreditava que todo calor do Universo era produzido pelo Sol, tal movimento seria, portanto, derivado deste astro. Mas Da Vinci não descartou o peso e a leveza. De fato, ele afirmou que ambos seriam produzidos assim que os elementos iniciassem seu movimento.

Dessa ideia bastante estranha vem a definição de gravidade proposta por Da Vinci. Para ele, "a gravidade é poder acidental, criado por movimento e infundido nos corpos que sobressaem de sua posição natural". O mais curioso, porém, é a relação construída pelo pensador entre peso e gravidade com o que ele chama de "força".

Esse termo vem assim, entre aspas, pois foi pinçado de traduções para o português de textos originais, aos quais não tivemos acesso. Nesses textos, Da Vinci define força como "um agente incorpóreo, um poder invisível", e até como uma "energia espiritual". Ainda assim, a noção de força empregada por ele é um tanto vaga, o que não permite concluir muita coisa referente a ela. Além disso, ora ele diz que "a força é o peso", ora investiga para saber se gravidade e força são produzidas por si mesmas, ou se necessitam uma da outra. Os manuscritos em que se encontram essas informações foram publicados no livro *Anotações de Da Vinci por ele mesmo*.

Mas, apesar da confusa relação entre peso e gravidade, as ideias de Da Vinci parecem trazer implícito o conceito de ação à distância. E o mais interessante: associada à gravidade!

Outro ponto curioso na obra de Da Vinci é quando ele questiona a natureza da Lua, chegando a perguntar "como ela não cai?". A impressão que fica é que ele havia notado as irregularidades na superfície lunar antes mesmo da invenção do telescópio. Nas *Anotações*, há uma seção intitulada "Construir vidros para ver a Lua ampliada", mas é difícil comprovar se a eficiência do método proposto é suficiente para que ele tenha conseguido observar tais irregularidades, a partir da forma como está descrito na seção.

Da Vinci e o movimento

Os estudos de Da Vinci acerca dos movimentos dos corpos foram mais promissores que suas elucubrações gravitacionais, por terem, em alguns casos, se aproximado mais dos resultados corretos.

Da Vinci analisou a queda livre, o movimento sobre planos inclinados e também o movimento de projéteis. Neste último, chegou a indicar que a trajetória de uma bala de canhão seria uma curva contínua sem, no entanto, fornecer a forma desta curva.

Ao analisar o movimento dos graves em planos inclinados, ele postulou que haveria uma relação entre os tempos com que os móveis se deslocam e os senos dos ângulos de inclinação do plano, que de fato existe, mas não exatamente como foi proposta.

Sobre os corpos em queda livre, ele afirmou que "o peso que desce livremente adquire um grau de movimento com cada grau de tempo, e com cada grau de movimento, ele adquire um grau de velocidade", que prosseguiria aumentando em "graus" em uma proporção direta, de acordo com Da Vinci. Dessa maneira, por exemplo, em um intervalo de tempo t, um corpo que adquirisse uma velocidade v, atingiria uma velocidade $2v$ no tempo $2t$, $3v$ em $3t$, e assim sucessivamente.

Mas, segundo José Bassalo no primeiro volume de *Nascimentos da física*, as concepções de Da Vinci sobre esse assunto "eram confusas, já que, em certas passagens de seus escritos, afirmou que as variações da velocidade dos graves eram proporcionais aos espaços percorridos, enquanto em outros escritos disse serem proporcionais aos tempos gastos". Além disso, estes resultados diferiam daqueles obtidos pelos calculistas de Oxford.

A verdade é que a obra de Da Vinci apresenta algumas contradições e equívocos no que diz respeito às questões relacionadas ao conceito de gravidade e temas afins. Como somente alguns trechos pré-selecionados foram citados aqui, esse fato pode não parecer tão claro. Entretanto, o que vale ser ressaltado é a essência de seu trabalho, que remete a uma "força solar" implicando movimento, a gravidade parecendo uma ação à distância, a experimentação no movimento dos graves com uma abordagem praticamente quantitativa, enfim, algumas ideias que serão trabalhadas posteriormente, embora sem a influência de Da Vinci. Isso porque, diferentemente do que costumamos ver em outras áreas em que ele atuou, no estudo da gravidade sua contribuição não obteve grande repercussão (talvez por conta das confusões mencionadas), fazendo com que os eruditos que o sucederam não se referissem à sua obra.

Tiro ao alvo

Um dos maiores problemas da artilharia com pólvora estava relacionado à dificuldade em se acertar o alvo, já que não se sabia qual era a trajetória real do projétil. Nenhuma das explicações dadas até aquele momento se mostrava satisfatória quando posta em prática.

Naquele tempo, era comum a utilização de armas de arremesso, como fundas, arco-e-flecha, catapultas e trabucos. Inicialmente, para se usar uma dessas armas com habilidade, era necessário muito treinamento, na base de tentativa e erro.

Posteriormente, regras geométricas passaram a ser aplicadas, a fim de se melhorar o desempenho do armamento. Durante as Cruzadas (1095-1291), houve uma notável evolução nas máquinas de arremesso, e com a Guerra dos Cem Anos (1337-1453), ocorreu a introdução definitiva da artilharia com pólvora, como canhões, por exemplo. Mas a pergunta persistia: como otimizar a utilização dessas armas?

O matemático e engenheiro italiano Niccolò Fontana (c.1499-1557) foi responsável por uma abordagem mais profunda sobre o movimento de projéteis. Ele é mais conhecido como Niccolò Tartaglia (*tartaglia*, em italiano, quer dizer "gago"); mesmo naqueles tempos politicamente incorretos, é provável que o senhor Fontana não prezasse muito seu "nome de guerra". Especialmente por tal apelido fazer alusão direta a um ferimento causado por um golpe de espada no queixo sofrido ainda quando criança, que afetou drasticamente sua fala.

Tartaglia foi chamado para tentar resolver a questão, e após um estudo meticuloso, no qual acoplou um quadrante a um canhão com o intuito de medir o grau de inclinação de cada lançamento, constatou que o ângulo com o qual o projétil atingiria o alcance máximo era 45°. Contudo, ele não se limitou simplesmente a essa informação. Em seu tratado *Nova ciência de balística*, cuja segunda edição (revista e ampliada) foi publicada em 1550, ele forneceu uma análise bastante interessante sobre a trajetória dos projéteis, que resultou na confecção da primeira tabela de balística da história.

Assim como Da Vinci, ele concluiu que as trajetórias seriam curvas em toda sua extensão. Mas que tipo de curva seria esta? Tal enigma Tartaglia também não resolveu, deixando para Galileu decifrá-lo, como veremos no próximo capítulo.

Frontispício de *Nova ciência de balística*, no qual vários estudiosos do assunto (entre eles o próprio Aristóteles) contemplam a trajetória curva de um projétil.

Ainda analisando o movimento de projéteis, Tartaglia, em um comentário bastante curioso, afirmou que um corpo grave teria seu peso diminuído quanto maior fosse sua velocidade. Por isso, uma bala de canhão pesada, quando lançada com muita velocidade, teria sua trajetória inicial muito próxima de uma reta, pois o deslocamento devido ao movimento natural (para baixo) seria quase imperceptível. Entretanto, conforme a velocidade diminuísse, prevaleceria o movimento em direção ao centro da Terra.

Mas o italiano sabia também que caso houvesse um impacto com o projétil em alta velocidade, ele seria bem mais violento, da mesma forma que quanto maior a altura com que um objeto cai, maior será o efeito do impacto no chão. Parece que ele já tinha notado que a velocidade de um corpo aumenta durante sua queda em função da distância percorrida.

A peste em campo

O período renascentista era tão fértil para as ideias germinarem que até fatos que marcaram negativamente — como a epidemia de peste negra que se espalhou pela Europa no século XIV — serviram de motivação para que os sábios da época se dedicassem a buscar uma solução para o problema.

Com a crise causada pela peste, a força da Igreja ficou abalada, e algumas pessoas se utilizaram de recursos místicos com o fim de encontrar uma cura ou uma explicação para o ocorrido. Uma grande discussão atingiu diversas esferas da sociedade, pois astrólogos acreditavam que a epidemia teria sido ocasionada por uma conjunção planetária na constelação de Aquário, que contribuiria com a corrupção do ar. Entretanto, apesar de todas as especulações, não chegaram a nenhuma conclusão sobre as possíveis causas da propagação da doença.

Os eruditos, no entanto, não aceitavam tais postulações, pois, segundo eles, não havia lugar para fenômenos ocultos na filosofia. O médico italiano Girolamo Fracastoro (1478-1553) concordava com essa prerrogativa e explorou a questão do contágio da peste por meio de uma abordagem da noção de ação à distância.

Fracastoro nos fornece um bom exemplo de como o acervo científico já era mais acessível, mesmo no início da Renascença. Em suas obras *Sobre o contágio* e *Sobre a simpatia e a antipatia das coisas*, publicadas em 1546, ele reuniu os conceitos de simpatia e espécie, entre outros, na tentativa de identificar como as pessoas contraíam a peste. Porém, é bom dizer que ele reformulou esses conceitos com a finalidade de aproximá-los mais do que considerou correto.

A fim de tornar sua explanação mais familiar, o pensador traçou um paralelo entre a forma de contágio e o magnetismo, mostrando posteriormente que os processos para a ocorrência desses fenômenos eram diferentes. No caso da transmissão de doenças, ele argumentou que sua propagação se dava da mesma forma que, por exemplo, a do som, ou seja, as espécies "atravessavam" um meio geométrico (ar ou fluido), e depois um fisiológico (corpo vivo).

Já para explicar os fenômenos magnéticos, ele mostrou como funcionaria a simpatia do ferro pelo ímã. Segundo ele, duas partes de um mesmo todo emanam espécies, que se propagam por um meio. Mesmo quando afastadas, o contato entre suas espécies faz com que as partes tendam a se reunir novamente. Seria esta a justificativa para a atração sofrida por corpos similares, que era como Fracastoro considerava o ferro e o ímã. Curiosamente, essas emanações das espécies sugeridas por ele remetem a uma noção muito primordial do conceito de "campo", introduzido por Michael Faraday no século XIX.

Além da ideia de simpatia notadamente influenciada pela visão platônica de "semelhante se une a semelhante", Fracastoro inovou ao considerá-la como reguladora do mundo natural. Assim, para ele, as relações "simpáticas" dos quatro elementos com seus respectivos domínios descreveriam suas tendências, isto é, a terra seria simpática à água, que por sua vez seria simpática ao ar, que seria simpático ao fogo.

O trabalho desenvolvido por Fracastoro ilustra claramente a evolução gradativa dos conceitos, aproximando-se cada vez mais das noções atuais. A nomenclatura seria totalmente alterada — "simpatia", "espécie", "ímpeto", nenhum desses termos restou —, mas as ideias por trás de cada um deles precisavam apenas ser recicladas e receber uma análise mais quantitativa para que chegassem ao nível em que hoje se encontram.

Preparando o terreno

Retomando um tema propositalmente deixado de lado temporariamente, falemos sobre a utilização do modelo ptolomaico durante a Idade Média. Essa obra foi de certa forma ofuscada pela adoção da cosmovisão aristotélica por parte da Igreja. O que não quer dizer que ninguém optou por deferentes, epiciclos e equante. Boa parte dos filósofos árabes, por exemplo, não só usou o sistema de Ptolomeu, como aperfeiçoou sua construção a ponto de torná-lo mais preciso. Porém, coincidentemente ou não, dos personagens que vimos até agora (aqueles que contribuíram com o desenvolvimento do conceito de gravidade), a maioria adotou o Universo de Aristóteles.

Mas é interessante registrar aqui alguns dos defensores europeus do modelo ptolomaico. Acredita-se que o inglês João de Sacrobosco (1195-c.1256) foi o primeiro astrônomo a publicar na Europa Medieval um tratado no qual baseava suas demonstrações no sistema de Ptolomeu. Intitulado *Sobre a esfera do mundo*, esse trabalho veio à luz aproximadamente em 1220.

Outros que se destacaram por adotar a obra ptolomaica foram o astrônomo austríaco Georg von Peurbach (1423-1461) e seu aluno alemão Johannes Muller (1436-1476), mais conhecido por seu nome latino Regiomontanus. Ambos aplicaram e expandiram o conhecimento acerca deste modelo às portas do Renascimento, fazendo com que a comunidade astronômica da época ficasse mais atenta às opções fornecidas por aquele sistema. O tratado de Regiomontanus intitulado *Epítome do Almagesto de Ptolomeu*, no qual deu continuidade ao trabalho de seu mestre, serviu como referência para que Nicolau Copérnico (1473-1543) pudesse dar início a uma revolução astronômica.

Alguns historiadores consideram essa denominação exagerada. Outros acham que Copérnico sequer se aproximou de revolucionar alguma coisa. Particularmente, acredito que este seja um dos pontos mais controversos da história da astronomia, pois é difícil encontrar concordâncias entre os especialistas. De qualquer forma, veremos o quanto esse astrônomo e cônego polonês acrescentou à história da gravidade, passando pelas questões polêmicas que o cercam.

Revolução copernicana?

Copérnico estudou na Universidade de Cracóvia antes de ir para a Itália se formar na Universidade de Bolonha, onde, provavelmente, foi apresentado ao tratado de Regiomontanus com um resumo aprimorado da obra ptolomaica. Mas, obviamente, ele não se limitou a ela. Sua sede pelo conhecimento astronômico aumentava cada vez mais, e Copérnico estudou vários trabalhos importantes sobre esta ciência. Plutarco foi uma das fontes citadas por ele, e nela acabou descobrindo propostas de sistemas diferentes daqueles de Aristóteles e Ptolomeu.

Por volta de 1503, Copérnico voltou à Polônia, e aproximadamente dez anos depois divulgou seu opúsculo manuscrito conhecido como *Pequeno comentário*, cuja circulação ficou restrita somente às pessoas de sua confiança. Nesse trabalho, ele já anunciava aquilo que caracterizaria sua obra máxima: a busca pela perfeição (aquela mesma dos gregos Pitágoras e Platão). Segundo ele, apesar de consistente com os dados numéricos, o modelo ptolomaico não transmitia uniformidade. Assim, coube a Copérnico buscar um arranjo mais razoável de círculos, a fim de tornar o Universo mais simples.

Suas ideias nesse protótipo de tratado foram expostas sem muita elaboração e de forma qualitativa. Ele reuniu em sete axiomas tudo aquilo que considerava indispensável para harmonizar o mundo, sem deixar de salvar os fenômenos. No primeiro deles, Copérnico postulou que "todos os orbes ou esferas celestes não têm um centro único", para em seguida afirmar, no segundo axioma, que "o centro da Terra não é o centro do mundo, mas apenas o de gravidade e de orbe lunar". Porém, é no terceiro que vem a mudança crucial, que é mais elaborada do que parece: "Todos os orbes giram ao redor do Sol, como se ele estivesse no meio de tudo, portanto o Sol está perto do centro do mundo."

Pois reparemos como era o original desse terceiro axioma em latim. Nele, destacarei a palavra que informa um detalhe que pode passar despercebido, mas é fulcral: diferentemente do que se pensa habitualmente sobre o modelo copernicano, o Sol *não está* no centro: "*omnes orbes ambire Solem, tanquam in medio omnium existentem, ideoque* circa *Solem esse centrum mundi*" (grifo meu). Assim, o que se vê nestes três primeiros princípios é que mesmo sem amadurecer muito seu modelo, Copérnico já admitia que a Terra não ocupava a posição central, permanecendo apenas com a Lua ao seu redor. A física do lugar natural também sofria modificações, pois os graves não caíam mais em direção ao centro do Universo (que antes coincidia com o terrestre). Mas curioso mesmo é justamente o fato de o Sol jamais ter ocupado o centro deste sistema (ou seja, se quisermos ser extremamente rigorosos, deveríamos chamar este sistema de "heliostático" e não "heliocêntrico"...).

Ao que tudo indica, os planetas girariam uniformemente ao redor do centro do Universo, e o Sol se encontraria na verdade não *no centro*, mas próximo a este ponto imaginário. Tal artifício serviria, muito provavelmente, para explicar a variação do diâmetro solar, e talvez até a variação de velocidade que os planetas apresentam durante seu movimento orbital.

Nos outros quatro axiomas, Copérnico explica alguns movimentos definidos por ele, como a rotação da Terra, por exemplo, e passa uma noção da dimensão deste novo Cosmos, que assim como aquele proposto por Aristarco, aumentou consideravelmente de tamanho. Uma informação contida no quinto axioma interessa a nosso estudo, pois quando Copérnico propõe que os "elementos adjacentes" à Terra acompanham seus movimentos, ele procura justificar o retorno de objetos lançados para cima à posição inicial com o deslocamento da própria atmosfera no qual o móvel está imerso.

Outro dado importante fornecido por Copérnico nesse texto é a ordem correta da disposição dos planetas em relação ao Sol. Para ele, o mais próximo seria Mercúrio, seguido por Vênus, Terra, Marte, Júpiter e Saturno. Este último seria sucedido pela esfera das estrelas, que neste sistema permanece imóvel, visto que seu movimento foi "transferido" para a Terra.

É neste momento da história que ocorre uma quebra de paradigma no conceito de "planeta". Até aqui, planetas eram todos os astros que se deslocavam em relação ao fundo de estrelas. A palavra *planete* tem origem grega e significa "errante". Para os gregos, além de Mercúrio, Vênus, Marte, Júpiter e Saturno, o Sol e a Lua também eram planetas! Com o modelo de Copérnico o Sol troca de lugar com a Terra, que passou a ser um planeta.

(A Lua parece ter ficado em um limbo até o termo "satélite" ser criado. Segundo Timothy Ferris, sua autoria pertence a Kepler. Nas duas traduções em português da obra máxima de Copérnico, a Lua é referida como "satélite", apesar de não existir qualquer palavra no original em latim que remeta a este termo.)

Copérnico determinou ainda os períodos orbitais de cada um dos planetas com uma precisão razoável.

Mas não pense que este modelo era extremamente elegante. Mesmo abolindo o equante, Copérnico inseriu diversos círculos auxiliares (como os epiciclos), que agora não serviam mais para

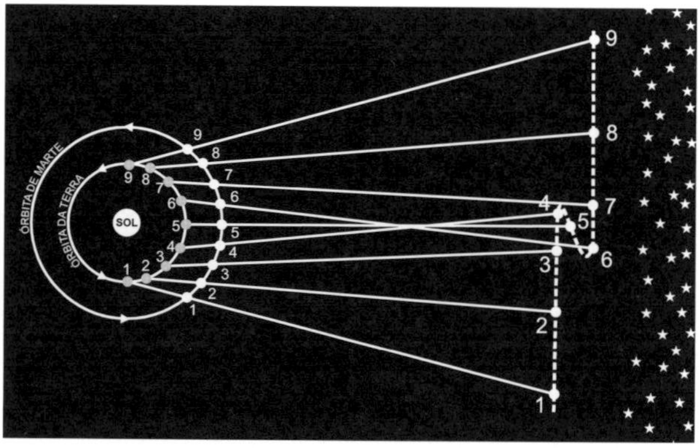

Visualização do movimento retrógrado a partir do modelo heliocêntrico. Nele, esse movimento ocorre naturalmente, como se pode ver pela variação da posição do planeta Marte (usado como exemplo) em relação ao fundo de estrelas.

explicar a retrogradação dos planetas — fenômeno este compreendido diretamente pela combinação dos movimentos da Terra e dos outros planetas —, mas sim as velocidades variáveis que estes apresentavam ao longo de suas órbitas. Assim, apesar de manter os movimentos circulares e uniformes, como mandavam os preceitos perfeccionistas de Platão, o modelo copernicano não apresentava toda aquela simplicidade anunciada. E sequer sua precisão foi muito diferente da do ptolomaico.

Revolução, sim, até no título

Em 1543, ano da morte de Copérnico, veio à luz a primeira edição de sua obra-prima, *Sobre as revoluções dos orbes celestes*. Sobre este título, cabe um comentário pertinente: foi a partir deste tratado que evoluiu o modelo de Sistema Solar vigente hoje, apesar de sabermos que esta não foi a primeira vez que um sistema heliocêntrico foi proposto. Portanto, por que o nome do movimento que a Terra executa ao redor do Sol não se originou do título da obra na qual, pela "primeira vez", se cogitou este movimento batizado de "revolução" (por sinal, um nome até mais correto do que "translação", fisicamente falando)? Por que não respeitamos o nome historicamente proposto por Copérnico desde a publicação original em latim e, como bonificação, ainda utilizaremos uma denominação mais acertada?

Como foi dito antes, algumas polêmicas cercam essa publicação, e elas já começam no prefácio apócrifo inserido sem o consentimento do autor, posteriormente atribuído ao teólogo luterano Andreas Osiander (1498-1552), que acompanhou a impressão do tratado. Nele, Osiander procura desacreditar as novas hipóteses "admiráveis e fáceis" ali contidas, tendo em vista que somente Deus poderia revelar a verdade. De acordo com ele, "não é necessário que essas hipóteses sejam verdadeiras, e nem sequer verossímeis, mas basta que forneçam um cálculo que concorde com as observações".

Outra controvérsia comumente encontrada na literatura costuma relatar que esse trabalho somente teria sido publicado no ano da morte de Copérnico, porque o autor temia a reação da Igreja.

Porém, é sabido que diversos membros dessa instituição insistiram veementemente para que ele divulgasse sua teoria. Entre eles, podemos citar o cardeal de Cápua, o bispo de Chelmno e o bispo de Fossombrone que, conforme contam, era um especialista em astronomia. Além disso, um dos motivos que o impeliram nessa empreitada foi a necessidade por parte da Igreja de corrigir problemas relativos ao calendário, posto que havia uma certa discordância entre os estudiosos da época sobre os movimentos do Sol e da Lua (a duração dos anos e dos meses depende diretamente do conhecimento acerca desses movimentos, que ainda não estavam convenientemente medidos. Somente em 1582 esse problema foi resolvido com a criação do calendário gregoriano, vigente até hoje).

Copérnico, mesmo com algum receio, se viu persuadido a lançar suas ideias, ainda que, segundo ele, alguém pudesse exigir a sua condenação.

Sua obra completa foi dividida em seis livros. No primeiro, Copérnico, basicamente, introduz os principais conceitos, e nos demais parte para os cálculos. Podemos considerar esse trabalho como uma expansão do seu *Pequeno comentário* no qual tabelas, diagramas, ilustrações e argumentos seguros foram oferecidos para deleite de seus sucessores.

Analisando mais a fundo o livro um, que apresenta as questões que interessam ao nosso tema, encontramos, nos primeiros capítulos, a informação de que o Universo e a Terra são esféricos, seguida de uma breve explanação a esse respeito. Já no capítulo quatro, Copérnico postula que "o movimento dos corpos celestes é uniforme, circular e perpétuo, ou composto de movimentos circulares". Tal complementação expõe as irregularidades de seu sistema, que ele ainda considera harmonioso por essas irregularidades terem um perfil periódico.

Nos capítulos que se seguem, Copérnico explora mais diretamente a questão da gravidade, a fim de fortificar ainda mais os alicerces de sua hipótese. Inicialmente, ele justifica a ausência de proposições anteriores com a Terra em movimento, sustentando que a principal alegação seria a dificuldade de explicar "o peso e a leveza".

Por isso, no modelo copernicano, com a Terra fora do centro do Universo, o movimento dos corpos associados ao nosso planeta seria duplo: retilíneo, que corresponde ao movimento natural radial, e circular, em relação ao centro da Terra devido à rotação. Como já foi mencionado, mas é sempre bom lembrar, o centro de gravidade terrestre permanece sendo o centro do planeta, embora agora cada um dos astros desse sistema tenha o seu próprio centro de gravidade também. O trecho no qual Copérnico introduz esta definição encontra-se citado na epígrafe deste capítulo.

Este ponto de sua obra também gera uma certa polêmica, pois alguns autores acreditam que Copérnico se inspirou em razões me-

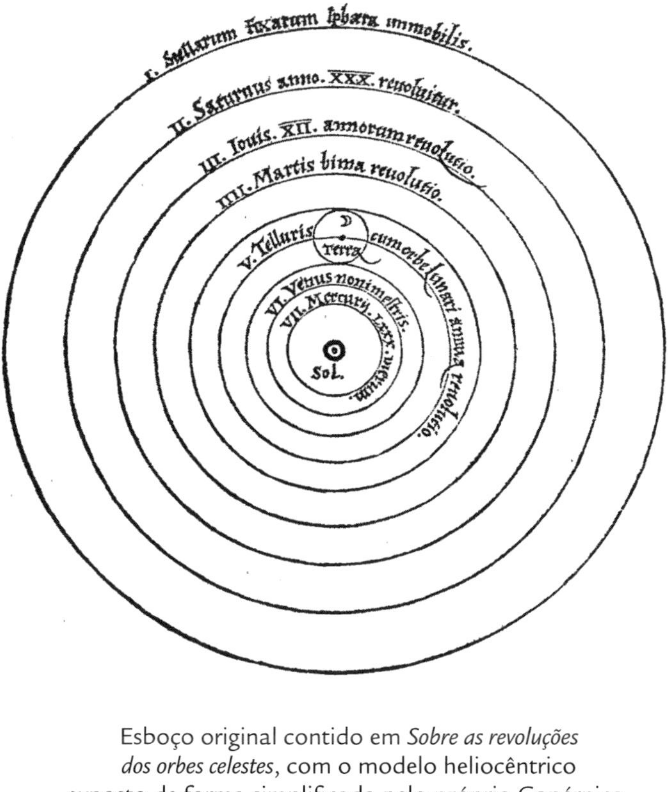

Esboço original contido em *Sobre as revoluções dos orbes celestes*, com o modelo heliocêntrico exposto de forma simplificada pelo próprio Copérnico.

tafísicas para propor o principal pilar de seu modelo, o Sol como centro (isto é, quase centro) do Universo. Ao declarar que o astro deveria ocupar a posição central, perguntando "quem colocaria esta lâmpada de um belo templo em outro lugar melhor do que esse, de onde ele pode iluminar tudo ao mesmo tempo?", Copérnico aguça o leitor menos atento a pensar que o motivo seria assim tão simples. Mas, ao longo de todo seu tratado, ele mesmo se esforça para demonstrar que baseou sua teoria na matemática, ou seja, mesmo que houvesse alguma motivação mística, no final foi a ciência que validou sua proposição.

Infelizmente, mesmo com todo o cálculo empreendido por Copérnico, seu modelo não revolucionou a história da gravidade como fez com a astronomia. Suas justificativas para o Sol estar próximo ao centro passaram longe da existência de uma força atuando à distância exercida pelo próprio Sol. Curiosamente, ele ainda associou a esfericidade dos astros à gravidade (pela definição daquele tempo), mas sem apresentar razões físicas para tal assertiva.

Portanto, apesar do avanço considerável em termos de disposição do Universo e da melhoria razoável nas precisões dos dados em comparação com os modelos anteriores, ainda faltava um bom caminho para ser trilhado. Certamente menos árduo, mas ainda assim necessitando de mais do que pressupostos filosóficos para se atingir um outro nível no estudo da gravidade.

5 É ASSIM QUE AS COISAS CAEM

> A gravidade é uma afeição corpórea mútua entre corpos semelhantes para unir ou se juntar (a esta ordem de coisas pertence também a faculdade magnética) de modo que a Terra atrai a pedra muito mais do que a pedra tende para a Terra.
>
> JOHANNES KEPLER

Enquanto a revolução repercute

Historiadores contam que nos primeiros 50 anos após o lançamento do *Sobre as revoluções dos orbes celestes*, a Igreja conviveu naturalmente com a obra. O fato de ter sido escrito por um cônego e dedicado ao papa Paulo III ajudou bastante para que o tratado não chamasse a atenção da Inquisição. Quanto aos astrônomos e matemáticos da época, neste mesmo intervalo de tempo, talvez uma dúzia deles tenha sido capaz de acompanhar o raciocínio de Copérnico ali contido. Somente nas primeiras décadas do século XVII é que os holofotes, ou melhor, os candelabros, se voltariam totalmente para aquele sistema heliocêntrico. Mas antes de tratarmos dessa questão, vamos conhecer algumas contribuições e ideias curiosas que rondaram o conceito de gravidade ainda na segunda metade do século XVI.

Retomando as discussões sobre o movimento dos corpos, deparamo-nos com um belo estudo realizado pelo físico italiano Giambattista Benedetti (1530-1590) logo na sequência da obra copernicana. Crítico fervoroso da doutrina aristotélica, em 1585 divulgou, em seu *Livro sobre várias especulações matemáticas e físicas*, resultados bastante interessantes sobre objetos em queda livre. Adepto da teoria do ímpeto, ele analisou também o movimento de projéteis, mas neste tema não foi além da solução apresentada por Tartaglia anos antes.

Sobre os corpos em queda, Benedetti argumentou que o ímpeto impresso enquanto eles caem aumenta uniformemente, e que a resistência sofrida pelo objeto depende de sua área superficial e não de seu volume. Todavia, foi através da proposta de um exercício mental cuja linha de raciocínio era irretocável, que Benedetti buscou derrubar de uma vez por todas a ideia aristotélica de que corpos mais graves em queda livre tocam o solo mais rápido que os menos graves, se soltos simultaneamente de uma mesma altura.

Segundo Benedetti, se dois objetos com mesmo peso conectados por um fio muito fino são largados de uma certa altura, eles devem cair como um corpo único, cujo peso final é a soma dos dois (o peso do fio pode ser considerado desprezível). Se durante a queda o fio é cortado, os dois objetos originais com metade do peso do corpo único deveriam diminuir sua velocidade de queda, por serem mais leves que ele. Contudo, tal fato não é observado, o que demonstrava mais uma vez que a física de Aristóteles precisava ser revista. E em breve essa revisão teria lugar...

Terra magnética

Um dos primeiros seguidores de Copérnico foi o filósofo italiano Giordano Bruno (1548-1600), que adaptou o modelo heliocêntrico a suas crenças. De acordo com ele, o Universo seria infinito, as estrelas seriam outros sóis, e ao redor delas haveria planetas, que poderiam ser habitados como a Terra. Em um artigo sobre o doutor Johannes Fausto, Claus Priesner faz referência a uma noção interessante, defendida por Bruno, de que "a mesma força espiritual, que move os planetas em torno de seus sóis, deve, por analogia, mover também o sangue por meio do corpo". Apesar da analogia, que sabemos hoje ser inadequada, o avanço contido nesta ideia é, sem dúvida, a introdução de uma força (no sentido literal) como razão do movimento dos planetas ao redor do Sol. O problema dessa força era justamente seu perfil metafísico, carente de uma análise quantitativa coerente, como aconteceu em outros casos como os de simpatia, espécie, e até mesmo o ímpeto.

Outro que seguiu alguns dos passos de Copérnico foi o médico e físico inglês William Gilbert (1544-1603). Em sua obra-prima, intitulada *Sobre o ímã*, de 1600, ele discute intensamente questões referentes ao magnetismo, e inova ao considerar a Terra como um imenso magneto. Gilbert, assim como outros adeptos do modelo copernicano, se preocupava com as lacunas que este sistema apresentava, como a falta de uma explicação para os movimentos de nosso planeta. No entanto, ele se ateve basicamente a tentar explicar o movimento de rotação da Terra, o qual associou ao magnetismo, visto que em seu tratado discutiu amplamente fenômenos de tal natureza.

Nesse trabalho, Gilbert ainda apresenta um conceito bastante semelhante ao de "campo", ao citar que se o ferro ou um outro corpo magnético caísse sob a "esfera de influência" da *terrela* (um ímã de formato esférico), esse corpo seria atraído por ela. Isto permitiu a ele afirmar que o ímã e a Terra estavam em conformidade com os movimentos magnéticos que os regiam.

O grande observador

Quem não aderiu plenamente à proposta de Copérnico foi o astrônomo dinamarquês Tycho Brahe (1546-1601). Seu interesse por astronomia vinha desde a juventude, quando, ao observar alguns fenômenos celestes, notou a grande defasagem entre eles e as tabelas que previam esses eventos. Ele tomou para si a responsabilidade de aperfeiçoar aqueles dados o máximo possível, e se pode dizer que seu objetivo foi plenamente atingido. Tycho foi certamente o maior observador do período pré-telescópio. Com o passar dos anos, adquiriu e confeccionou os melhores instrumentos astronômicos de seu tempo.

Em novembro de 1572, ele observou uma estrela jamais vista anteriormente na constelação boreal de Cassiopeia, cujo brilho era mais intenso que o do planeta Vênus. Fazendo uso de seus equipamentos extremamente precisos, o astrônomo dedicou muitas noites à observação do que ele chamou de *nova stella* ("estrela nova", em latim).

Sabemos hoje que esse fenômeno observado por Tycho e outros astrônomos da época é o que chamamos de "supernova", e ocorre sempre que uma estrela com grande massa (muitas vezes maior que a massa do Sol) chega ao estágio final de sua vida. Nesse momento, acontece uma explosão e seu brilho pode aumentar milhares de vezes. Dependendo das circunstâncias, tal fenômeno pode ser visto até mesmo durante o dia, tamanho o seu brilho. Em uma linha de raciocínio infame, alguns poderiam achar mais adequada a denominação "supervelha", tendo em vista o real motivo do fenômeno.

No ano seguinte ao avistamento da "estrela nova", Tycho publicou o tratado *Sobre a nova estrela*, no qual apresentava uma informação importantíssima: aquele astro, enquanto esteve visível por alguns meses, não mudou sua posição em relação ao fundo de estrelas (que exibem o mesmo comportamento). Essa constatação lhe permitiu concluir que essa nova estrela era um objeto celeste, ou seja, um fenômeno ocorrido acima da esfera da Lua, no mundo supralunar. Na verdade, segundo ele, a "nova" — como esse tipo de astro ficou sendo chamado por algum tempo — encontrava-se na esfera das estrelas fixas. Como aquela região deveria ser imutável, estava dado o primeiro golpe de Tycho Brahe na cosmovisão aristotélica.

O segundo golpe não tardou. Em 1577, um cometa surgiu no céu da Europa renascentista. Vários astrônomos observaram e estudaram o fenômeno, que Aristóteles considerava como sendo atmosférico. Tycho, por sua vez, analisou-o da mesma forma que havia feito com a estrela nova, e chegou à seguinte conclusão: "Descobri por cuidadosas observações e demonstrações do presente cometa que ele está localizado e caminha acima da Lua, nos céus." Ele ainda foi capaz de afirmar, com base nas pequenas variações na posição do cometa ao longo das noites, que tal corpo se encontrava entre as esferas da Lua e de Vênus. Posteriormente, o novo astro se aproximou do Sol, para em seguida se afastar até deixar de ser visível.

Ora, mas se esse objeto celeste se deslocava dessa maneira, como ele ultrapassava as esferas cristalinas dos planetas? Tycho não fez qualquer esforço para salvar os fenômenos; simplesmente argumentou que as esferas cristalinas não existiam. Para comprovar sua hipótese, outros cometas foram observados por ele entre 1580 e 1596, e apresentaram comportamento bastante semelhante ao de 1577. Dessa forma, se suas medições estivessem corretas, as esferas cristalinas se fragmentariam sempre que um cometa passasse por elas. Tycho ainda foi capaz de especular a respeito do formato da trajetória desses astros que, de acordo com ele, pareciam ovais bastante alongadas.

Porém, um problema surgia com sua teoria: se não existiam esferas cristalinas para girar os planetas, como se davam estes movimentos, então? Por seu perfil mais prático, mais voltado para as observações, ele não se preocupou em responder essa questão, que requeria uma abordagem mais teórica e matemática.

Ainda assim, mesmo sem muito jeito para teoria, em 1588, na obra *Sobre os recentes fenômenos do mundo etéreo*, Tycho Brahe divulgou sua ideia para um novo modelo de Universo. Estabelecido, desde 1580, em seu castelo-observatório Uraniborg (do sueco, "castelo de Urânia", em homenagem à musa grega da astronomia), localizado na ilha de Hven, próxima a Copenhague, ele teve a possibilidade de confabular a respeito de suas descobertas e suas crenças, e a partir daí moldar seu Cosmos, que era um híbrido do ptolomaico com o copernicano. Isso porque, por razões físicas (novamente a questão do desvio não sofrido por corpos em queda) e teológicas, ele não aceitava que a Terra se movesse. Dessa forma, em seu sistema, a Terra retornaria ao centro do Universo, e teria dois astros girando ao seu redor, a Lua e o Sol. Já os cinco planetas — Mercúrio, Vênus, Marte, Júpiter e Saturno — girariam em torno do Sol, conforme Copérnico havia previsto. E como o movimento de rotação foi extinto, a esfera das estrelas voltaria a girar em cerca de 24 horas, como era anteriormente.

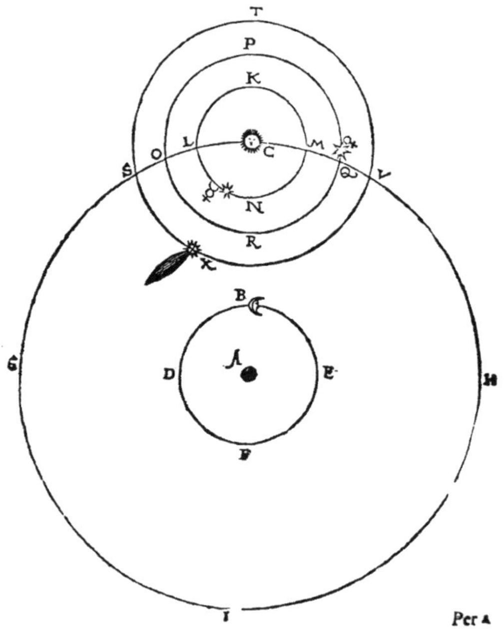

Esboço do modelo proposto por Tycho Brahe com a ilustre presença de um cometa a orbitar o Sol, sem levar em conta, entretanto, a variação de sua posição em relação a esse astro.

Alguns autores acreditam que Tycho Brahe foi influenciado, direta ou indiretamente, por um modelo proposto na Antiguidade por Heráclides de Ponto (390-333 AEC). Nesse sistema, a Terra, central, teria o movimento de rotação, e Mercúrio e Vênus girariam ao redor do Sol, que orbitaria a Terra assim como os demais planetas. Heráclides é chamado algumas vezes de "Tycho Brahe da Antiguidade", mas considero mais próprio nos referirmos a Tycho Brahe como o "Heráclides do Renascimento"...

A contribuição de Tycho Brahe à astronomia é inquestionável. Com seus instrumentos, ele praticamente dobrou a precisão das medidas existentes até aquele momento, além das demais descobertas já comentadas. Embora estivesse extremamente ciente de suas realizações, ele sabia que com os novos dados obtidos (mais precisos), o salto poderia ser ainda maior, mas reconheceu que estava aquém desta missão. Através de seu contato com Michael Maestlin (1550-1631), professor de astronomia da Universidade de Tübingen, ele conseguiu um colaborador a altura de seus dados: Johannes Kepler (1571-1630).

Contemporâneos geniais

Maestlin foi o grande responsável por apresentar seu aluno, o jovem Kepler, ao modelo heliocêntrico de Copérnico. O rapaz estudava teologia e filosofia na Universidade de Tübingen. Entretanto, acabou se fascinando pela matemática e pela astronomia, áreas da ciência nas quais seus trabalhos tornaram-se referências dignas de reconhecimento até os dias de hoje.

Embora cada vez mais estudada, a teoria copernicana ainda apresentava lacunas, não respondendo às diversas questões que se originavam a partir da noção de um Sol central com planetas girando ao seu redor. E uma das principais perguntas sem resposta era sobre a divisão aristotélica do Universo em mundos sub e supralunar. Como avaliar se aquela ideia antiga ainda fazia sentido, ou se uma nova concepção deveria surgir em seu lugar? Ao dar continuidade ao trabalho de Copérnico, Kepler não respondeu definitivamente a essa questão, mas preparou o terreno para os sábios que o sucederiam.

Até porque, em sua abordagem, ele se concentrou na física celeste, negligenciando de certa forma a terrestre. Quem teria complementado seu trabalho foi outro cientista famoso, Galileu Galilei (1564-1642), que se dedicou amplamente a estudar o comportamento de corpos em movimento na Terra, sob as mais diversas circunstâncias.

Esses dois gênios da ciência, apesar de terem vivido na mesma época, interagiram muito pouco e, infelizmente, quase não se veem influências que um tenha sofrido devido ao trabalho do outro. Mas suas obras podem, de fato, ser consideradas complementares e foram muito bem aproveitadas para dar origem a uma teoria que unificaria as físicas do céu e da Terra.

Antes, porém, de chegar a essa unificação, uma abordagem mais profunda na vasta galeria de publicação deixada por esses dois gigantes de perfil tão diferente se faz necessária. Serão os desdobramentos destes trabalhos que culminarão na solução newtoniana batizada de lei da gravitação universal.

O jovem Galileu

Galileu era o mais velho dos dois. Em 1581, quando Kepler ainda tinha dez anos, ele foi estudar medicina na Universidade de Pisa, mas abandonou o curso devido à paixão que desenvolveu pela matemática. Sua relação com essa ciência foi tão forte que certa vez Galileu declarou que "o grandíssimo livro [*da natureza*] está escrito em língua matemática", evidenciando que, para ele, tudo estava atrelado a ela.

Não tardou até que ele fosse convidado a lecionar tal disciplina. Inicialmente, o jovem Galileu ensinava as ideias aristotélicas e ptolomaicas, chegando inclusive a compor tratados baseados nessas premissas, embora sua influência mais forte tenha sido mesmo a obra de Arquimedes. Em textos de sua autoria, um sobre a balança hidrostática, de 1586, e outro sobre os centros de gravidade dos corpos, de 1587, fica claro o quanto Arquimedes inspirou Galileu.

No período em que passou como professor em Pisa, ele começou a dedicar parte do seu tempo ao estudo do movimento dos corpos. Nessa ocasião, a física encontrava-se em um estágio de interpretação bastante intuitiva. Por meio da experimentação, já se sabia que para um corpo se mover era necessário que se aplicasse uma "força", e sua intensidade, associada a algumas características do objeto (como peso, volume, entre outras), faria com que o movimento durasse mais ou menos tempo. Este e outros conhecimentos também experimentais permitiram que Galileu e alguns de seus contemporâneos pudessem avançar ainda mais com novas teorias acerca do movimento dos corpos. Galileu, por exemplo, começou adotando um conceito de "força impressa" (*virtus impressa*, em latim) autoexaustiva. Posteriormente, essa noção foi substituída pelo "ímpeto", bastante semelhante àquele utilizado no fim da Idade Média. Em sua proposta, esse ímpeto seria proporcional ao produto do peso com a velocidade, algo muito próximo ao conceito atual de "momento", que é o produto da massa com a velocidade.

É nesse período também que muitas lendas associadas ao nome de Galileu teriam ocorrido. Em uma delas, ele teria descoberto o que hoje se conhece como isocronismo dos pêndulos, observando a oscilação dos lustres no interior da Catedral de Pisa. Segundo contam, Galileu aferiu o período das oscilações daquele pêndulo por meio de sua pulsação, e com isso teria concluído que mesmo quando a amplitude diminuía, os intervalos de tempo das oscilações permaneciam iguais.

Além disso, outra história comumente contada dessa época é que ele teria feito experiências com corpos em queda do alto da Torre de Pisa, a fim de averiguar o comportamento desses corpos ao atingir o solo. Diversos autores creditam a adição dessa passagem à biografia de Galileu a seu aluno Vincenzo Viviani (1622-1703).

Não se sabe ao certo se ambos os casos ocorreram realmente, embora não haja dúvida quanto à contribuição de Galileu nas duas propostas experimentais. Alguns anos depois, ele desenvolveria ótimos trabalhos sobre pêndulos e corpos em queda, como será visto mais adiante.

Desvendando mistérios

Assim como Galileu, que trocou a medicina pelas ciências exatas, Kepler mudou o rumo de sua vida ao aceitar um convite para lecionar matemática e astronomia em uma escola protestante de Graz, na Áustria. Apesar de extremamente religioso, ele deixou de lado a possibilidade de seguir carreira como teólogo, para se dedicar a uma ciência que desde os seis anos já o fascinava. Foi com essa idade que observou com sua mãe a passagem do cometa de 1577, o mesmo que havia sido registrado e estudado por Tycho Brahe.

Em 1594, aos 23 anos, começou a dar aulas e, no ano seguinte, teve uma epifania que lhe rendeu seu primeiro grande tratado astronômico, finalizado em 1596, o *Mistério cosmográfico*. Sua proposta relacionava a estrutura do Universo com a geometria, baseada nos preceitos pitagóricos e platônicos.

A parte inicial dessa obra tem um perfil muito mais metafísico e medieval, e nela Kepler, de acordo com Arthur Koestler, autor de *O homem e o Universo*, "alude à harmonia pitagórica das esferas, procurando correlação entre os sólidos perfeitos e os intervalos harmônicos na música". A intenção de encontrar uma estrutura harmônica no Universo é uma marca registrada de sua carreira astronômica. E dentro dessa ideia, ele vislumbrou um modelo no qual os sólidos platônicos desempenhavam um papel de destaque na configuração do Cosmos.

Segundo Kepler, esses poliedros, por serem simétricos, estavam simultaneamente inscritos e circunscritos nas esferas planetárias. A disposição do Universo ficaria então da seguinte maneira: o Sol no centro; seguido pela esfera de Mercúrio, um octaedro; a esfera de Vênus, um icosaedro; a esfera da Terra, um dodecaedro; a esfera de Marte, um tetraedro; a esfera de Júpiter, um cubo; e a esfera de Saturno; seguida, finalmente, da esfera das estrelas fixas. Isso não significava, no entanto, que essas estruturas realmente existiam no espaço, mas sim que a relação entre as distâncias dos planetas respeitaria esta distribuição.

Além de satisfazer imensamente a ambição de Kepler de mostrar que o Cosmos apresentava uma natureza geométrica, essa estrutura ainda respondia uma pergunta primordial formulada por ele: por que existiam seis planetas, e não outro número? De acordo com esse modelo, essa quantidade está relacionada ao número de sólidos regulares, que são apenas cinco, o que denotaria que não era por acaso que se tratavam de seis planetas.

Contudo, essa não foi a única pergunta que Kepler tentou responder no *Mistério*. Outras questões importantíssimas levantadas por ele estavam relacionadas à razão pela qual haveria uma proporcionalidade entre a diminuição da velocidade conforme a distância do planeta ao Sol aumenta, e também à causa dos movimentos planetários.

A fim de responder a essas perguntas, Kepler propõe inicialmente que os planetas se movem devido a uma "alma motriz" ou "potência motriz" (do latim, *motrice anima*, *motrice virtute*) que emanaria do centro do sistema, isto é, do Sol. Já para explicar a atenuação das velocidades planetárias refletida nos períodos de revolução dos planetas muito bem conhecidos naquela época, ele afirmou que quanto mais afastado da região central, menor seria a intensidade da alma ou potência motriz. Para chegar a essa conclusão, Kepler traçou um paralelo entre essa faculdade motriz e a luz, que naquele tempo ele acreditava sofrer uma atenuação linear conforme se afastava da fonte, isto é, conforme a distância aumentasse, a alma, ou potência motriz, diminuía.

Como ele considerava os planetas como "corpos materiais dotados com algo como peso [*pondere*]", a explicação para a diminuição da velocidade estaria associada também a uma espécie de resistência interna, determinada pela densidade de sua matéria. Com isso, mais uma vez os corpos celestes recebiam características de corpos terrestres. Mas o grande mérito do *Mistério*, como poderá ser notado

	♄ Dies. scr.	♃ Dies. scr.	♂ Dies. scr.	♁ Dies. scr.	♀ Dies. scr.	☿ Dies. scr.
♄	10759 12					
♃	6159	4332 37				
♂	1785	1282	686 59			
♁	1174	843	452	365 15		
♀	844	606	325	262 30	224 42	
☿	434	312	167	135	115	87 58

Tabela originalmente contida no *Mistério cosmográfico*, indicando o período de revolução dos planetas visíveis a olho nu (expressado em dias). Na diagonal, o tempo que o planeta leva para completar uma volta ao redor do Sol; e, abaixo, os valores representam quanto tempo o planeta levaria para completar uma volta na velocidade daquele mais afastado. A tabela evidencia que os planetas mais externos percorrem suas órbitas mais lentamente do que os mais internos. Os símbolos na primeira coluna de cima para baixo representam, respectivamente: Saturno, Júpiter, Marte, Terra, Vênus e Mercúrio.

ao longo de toda a obra kepleriana, foi plantar sementes que dariam grandes frutos nos trabalhos seguintes de Kepler.

Movimentos celestes e terrestres

Cópias do *Mistério cosmográfico* foram enviadas para Tycho Brahe e Galileu Galilei. O primeiro ficou tão impressionado que convidou Kepler para ser seu assistente em um novo castelo, para o qual havia se mudado em agosto de 1599. Em fevereiro do ano seguinte, Kepler se mudou para o castelo de Benatky, nos arredores de Praga, onde teve início uma relação de trabalho bastante conturbada. Mas não se pode negar que a influência de Tycho foi importantíssima para Kepler se tornar o homem considerado por diversos autores como o fundador da astronomia moderna.

Certa vez, Kepler admitiu que seu chefe tinha os melhores dados, mas faltava-lhe um arquiteto para construir, a partir deles, toda a estrutura para que a revolução científica iniciada por Copérnico tivesse continuidade. O problema é que como ambos tinham metas diferentes, a divergência entre eles era intensa. E como Tycho Brahe era o detentor dos preciosos dados empíricos, Kepler acabou sendo prejudicado, pois teve acesso restrito a essas informações.

Mas não demorou muito até que o mestre disponibilizasse alguns dados para Kepler trabalhar. O planeta escolhido para ser passado para ele foi Marte, o mais problemático de todos. Ao receber as informações, Kepler teria afirmado que resolveria o problema em oito dias, subestimando sua complexidade. Na verdade, ele levou cerca de cinco anos para obter a conclusão definitiva acerca da órbita do planeta, e, infelizmente, Tycho Brahe não viveu para ver o triunfo de seu auxiliar, pois morreu em 1601.

Já Galileu não deu muito crédito para a obra que recebeu de Kepler. Sua defesa ao copernicanismo ainda era feita de forma reservada naquela época, apenas por meio de correspondências. Ele também não se aventurou muito pela física celeste. No início do século XVII, passou a se dedicar intensamente ao estudo do movimento dos corpos. Em 1602, Galileu trocou algumas cartas cujos conteúdos traziam informações sobre um potencial objeto de estudo: o pêndulo. Se a história da Catedral de Pisa é real ou não, já não importa mais, pois nessa época ele incontestavelmente analisou o movimento pendular como nenhum outro havia feito antes dele. E é provável que desse estudo tenha surgido a ideia de voltar suas atenções para o movimento dos corpos em queda livre, visto que os pêndulos apresentavam uma peculiaridade que poderia mostrar uma falha na física aristotélica: seu movimento independe da massa.

Assim como acontece com Galileu, muitas informações sobre os avanços empreendidos por Kepler são conhecidas devido às correspondências que trocava com seu ex-professor Maestlin, e um amigo chamado David Fabricius (1564-1617). Foi por meio de cartas trocadas com esses dois correspondentes entre 1604 e 1605 que podemos encontrar, pela primeira vez, a quebra do paradigma dos movimentos celestes circulares e uniformes.

Na verdade, foi no início de 1602 que esta ideia começou a ganhar forma, quando Kepler passou a acreditar que a órbita de Marte seria um "círculo oval" (*circulis ovalis*, em latim). Foi também mais ou menos nessa época que ele cunhou os termos "afélio" e "periélio", para identificar, respectivamente, os pontos de máximo afastamento e máxima aproximação dos planetas em relação ao Sol. Isso porque os dados de Tycho Brahe deixavam claro que os planetas apresentavam esse comportamento, o que tornava inviável o ajuste de suas observações com o axioma platônico. Kepler argumentou que tal "inconstância do movimento [*planetário*] sem dúvida é causada pelo Sol", e que haveria uma relação entre ela e a distância do planeta a esse astro. No caso da Terra, por exemplo, em janeiro ela está mais próxima do Sol, no periélio, e, portanto, se move mais rapidamente. Já em julho, quando está no afélio, ou seja, mais afastada do Sol, seu movimento é mais lento. Kepler, com esta constatação, já esboçava as suas leis dos movimentos planetários.

Foi com base nessas descobertas que sua obra-prima foi escrita. Os dados de Marte renderam uma verdadeira revolução no que tange os movimentos planetários, conforme veremos a seguir.

Uma nova astronomia

A obra máxima de Kepler, intitulada *Astronomia nova*, foi produzida entre os anos de 1600 e 1606, mas publicada apenas em 1609. Dividida em cinco partes, podemos encontrar em suas páginas toda a trajetória descrita pelo autor para chegar às soluções que mudariam para sempre a visão sobre esse sistema em que o Sol desempenharia o papel principal. Trata-se de um trabalho completo, no qual até mesmo os erros foram registrados a fim de mostrar todos os percalços encontrados no caminho.

Segundo o próprio Kepler, sua intenção era "reformular a teoria astronômica (especialmente para o movimento de Marte) em todas as suas três formas de hipóteses [*de Ptolomeu, de Copérnico e de Tycho Brahe*]". Ao longo de sua exposição, fica claro que todas as hipóteses foram realmente testadas empiricamente, e com base nas causas físicas e naturais, ele concluiu que o sistema copernicano, após sofrer algumas alterações, seria o verdadeiro, com os demais podendo ser descartados.

Além dos dados de Tycho Brahe, Kepler também recorreu ao conteúdo da obra *Sobre o ímã*, de Gilbert, lançada poucos anos antes, para explicar algumas das informações contidas em sua *Astronomia nova*. Na introdução, Kepler lança a frase que serve de epígrafe para este capítulo. Ou seja, já naquele momento ele fazia uma definição formal do conceito de gravidade.

De acordo com Pablo Mariconda, responsável pela tradução, introdução e notas da edição em português da obra galileana *Diálogo sobre os dois máximos sistemas*, Kepler modificou o "conceito de gravidade, substituindo a 'tendência para' pela 'atração por'". Esse foi, sem dúvida, um passo importante na história da gravidade, pois remete a uma atração mútua entre os corpos graves, semelhante ao que acontecia entre os corpos magnéticos, de acordo com Gilbert, e alguns de seus antecessores.

Uma vez feita essa definição por Kepler, ele concluiu que os corpos pesados são levados ao centro da Terra devido a sua esfericidade, e por eles serem semelhantes a ela. Isso ocorre, conforme argumentou, com outros corpos também, como o Sol e suas partes semelhantes, a Lua e suas partes, e assim por diante. Uma última consideração bastante importante feita por Kepler, ainda sobre a gravidade, diz que "se a Lua e a Terra não fossem mantidas por uma força animal [*vis animali, em latim*]", a Terra subiria em direção à Lua e a Lua desceria em direção à Terra, com ambas percorrendo distâncias proporcionais a sua "substância" (ora interpretada como tamanho, ora como volume do corpo em questão), que ele supôs ter a mesma densidade.

É importante deixar bem claro que, como já foi mencionado, toda essa linha de raciocínio está fortemente relacionada ao magnetismo, e, portanto, ainda se encontra de certa forma distante da realidade atual da gravitação.

Na segunda parte da *Astronomia nova*, Kepler demonstrou que todos os planos definidos pelas órbitas dos planetas contêm o Sol, e forneceu uma série de tabelas com dados cruciais para investigar as causas por trás dos movimentos planetários e suas características.

Com isso, na terceira etapa, Kepler propôs a solução para o problema da causa dos movimentos dos planetas, postulando a existência de uma "força" (*vis* ou *virtus*, em latim) que emanaria do Sol. Segundo ele, a natureza dessa força seria magnética, ou quase magnética. Assim, a noção de "alma motriz" foi substituída pelo conceito de "força motriz solar", cuja natureza foi explanada e associada com algumas características do que Kepler chamou de "espécie imaterial" (do latim, *species immateriata*), que apresentava semelhanças com a noção de espécie medieval já vista anteriormente.

Já na quarta parte, descobrimos como essa força solar magnética atua sobre os planetas, como ela se propaga pelo espaço, e, principalmente, como, a partir desse conhecimento, podemos obter as duas primeiras leis dos movimentos planetários. Segundo Kepler, a força motriz solar seria transmitida para os planetas por meio da rotação do Sol (que, é bom frisarmos, ainda não havia sido observada à época que Kepler fez esta afirmação!), e, se dependessem só desta emissão, os movimentos planetários seriam circulares. Entretanto, quando essa força atingia os planetas, que também eram corpos magnéticos, a interação acarretava um movimento que ele chamou de "libração" (*libratione*, do latim), que produzia uma espécie de oscilação na distância que separava o planeta do Sol. Assim, ora o planeta ficava mais próximo do Sol, ora mais afastado.

Ao analisar toda a base de dados que tinha em mãos, Kepler concluiu que a forma das órbitas planetárias é elíptica, e que o Sol ocuparia um dos focos desta elipse. Esta é a primeira lei dos movimentos planetários.

Quanto à propagação da força motriz solar, esta se daria de forma linear, sem que houvesse perda durante o processo. Contudo, ocorreria uma atenuação da força conforme a distância do Sol aumentasse, isto é, ela se tornaria cada vez mais rarefeita devido ao seu afastamento da fonte. Esta concepção associada à inércia (do latim, *inertia*) proposta por Kepler, que seria a tendência natural dos corpos materiais de resistir ao movimento (e os planetas se incluem nesta categoria), faria com que esses corpos celestes se movessem com velocidades diferentes dependendo da distância que estivessem do Sol.

É a partir dessa noção que a segunda lei dos movimentos planetários se estabelece, pois novamente com base nas observações se sabia que arcos iguais descritos pelos planetas no céu não eram percorridos necessariamente no mesmo intervalo de tempo. Kepler enunciou então que uma linha imaginária que ligasse o Sol a um planeta qualquer descreveria áreas iguais em um mesmo intervalo de tempo. Como as órbitas são elípticas, as variações se justificavam devido à mudança de velocidade de acordo com a distância do planeta ao Sol. Esta lei de Kepler também é conhecida como "lei das áreas".

E foi assim que Kepler começou a empreender uma verdadeira reforma na física celeste. Por conta de suas inestimáveis contribuições, ele é considerado o pai da área da astronomia hoje conhecida como "mecânica celeste", expressão esta cunhada por Laplace séculos depois. Ainda falta a terceira lei dos movimentos planetários, mas essa será apresentada apenas no seu devido momento.

Corrompendo os céus

Assim como fez com seu primeiro tratado astronômico, Kepler enviou uma cópia da *Astronomia nova* a Galileu. Este, por sua vez, não se importou com as implicações trazidas pelo trabalho de Kepler, e morreria acreditando que as órbitas planetárias eram circulares.

Galileu, no mesmo ano da publicação da obra-prima kepleriana, também esteve bastante ocupado com um instrumento astronômico que revolucionaria a astronomia. Ele tomou conhecimento de que "um belga havia produzido um *perspicillum* [*nome original do que mais tarde ficou popularmente conhecido como telescópio*], com o qual os objetos visíveis, ainda que muito longe do olho do observador, se discerniam claramente como se estivessem próximos". Na verdade, um holandês é considerado extraoficialmente o pai do invento, pois foi dele o pedido de patente registrado em 2 de outubro de 1608 (patente esta negada pelas autoridades holandesas). Seu nome era Hans Lipperhey (1570-1619). Até onde se sabe, porém, ele não usou esse instrumento para observar o céu.

É provável que a primeira pessoa a realizar tal façanha tenha sido o matemático inglês Thomas Harriot (1560-1621). O mapa lunar mais antigo que se tem notícia foi confeccionado por ele em agosto de 1609, quando, segundo os historiadores, Galileu havia terminado de montar o seu telescópio. Embora Galileu não tenha sido o inventor do telescópio, nem sequer o primeiro a direcionar tal aparato para os astros, podemos afirmar que as primeiras grandes descobertas astronômicas foram realizadas por ele. Essas descobertas tiveram um impacto avassalador no ano seguinte, quando foram anunciadas na forma de um livro intitulado *A mensagem das estrelas*.

No entanto, antes de mencionar as fascinantes descobertas galileanas, vale a pena citar um pouco da obra de Harriot, pois alguns autores consideram tratar-se de um injustiçado que foi eclipsado por Galileu. Isso porque ele teria chegado a várias conclusões corretas que o pisano também obteve, e eventualmente até antes dele. Seu maior equívoco, entretanto, foi não ter publicado absolutamente nada, e somente a partir da análise de seus manuscritos é que se descobriu esse acervo de resultados.

Segundo esses relatos, Harriot teria estudado o movimento dos corpos em diversas condições, como em queda livre, em planos inclinados, e o movimento de projéteis, ou seja, temas nos quais Galileu se destacou. De acordo com José Bassalo, no primeiro volume de *Nascimentos da física*, Harriot teria também observado o célebre cometa Halley, que, aliás, é uma peça fundamental na história da gravidade, conforme veremos no próximo capítulo.

Pois por não ter publicado nenhum de seus trabalhos, geralmente nenhum crédito lhe é conferido. Já no que concerne às descobertas de Galileu acerca dos movimentos dos corpos, mais à frente veremos com detalhes as conclusões a que ele chegou.

Voltando à obra *A mensagem das estrelas*, podemos encontrar as descobertas revolucionárias que Galileu empreendeu ao apontar seu telescópio para o céu. Entre elas, destacam-se as imperfeições (crateras) na superfície da Lua, as fases de Vênus e os quatro principais satélites de Júpiter. Essas observações corroboravam principalmente o modelo de Copérnico, e mostravam que o mundo supralunar de Aristóteles não era perfeito e imutável como foi considerado por seu idealizador.

Harmonizando

Com seu telescópio, Galileu observou também manchas no Sol, e o monitoramento delas permitiu que ele constatasse a rotação solar. Kepler, ao tomar conhecimento dessas descobertas, fez questão de reverenciar o trabalho de seu colega, ainda mais pelo fato de comprovar uma afirmação que ele mesmo já havia feito *a priori*.

Suas observações o tornaram um copernicano convicto, algo que até então só havia mostrado de forma reservada através de cartas. E Galileu não se satisfez apenas com o que via nos céus. Buscou na Terra provas de que o modelo de Copérnico seria o vigente. Em 1616, ele escreveu um tratado que somente circulou por correspondência intitulado “Sobre o fluxo e refluxo do mar”, no qual abordava a questão das marés. Segundo Galileu, esse fenômeno ocorreria devido à combinação dos movimentos da Terra, em torno do seu eixo e ao redor do Sol, sendo, portanto, a prova definitiva de que Copérnico estava com a razão.

Por conta de sua defesa ardorosa da obra de Copérnico, em 1616 a obra *Sobre as revoluções dos orbes celestes* foi incluída no índex de livros proibidos da Igreja, nele permanecendo até 1758.

Independentemente da proibição, Kepler continuou sua busca pela harmonia celeste iniciada no *Mistério cosmográfico* e completamente associada à obra copernicana e às doutrinas de Pitágoras e Platão. Ele vislumbrava uma relação perfeita entre os fenômenos físicos e as formas geométricas, e em sua obra de 1619, a *Harmonia do mundo*, juntou todos os esforços a fim de demonstrá-la. É neste trabalho que Kepler fornece a terceira lei dos movimentos planetários, conhecida como "lei harmônica", e que pode ser definida como "a razão entre o cubo da distância média dos planetas ao Sol, e o quadrado do período que estes planetas levam para completar uma revolução é constante". Esta última lei de Kepler, que foi concebida, segundo o próprio, em 8 de março de 1618, foi o pilar principal para a teoria da gravitação de Newton. Podemos considerar que a harmonia almejada por Kepler serviu de esboço para que Newton desse cabo de um problema que persistia por séculos.

Um diálogo que mudou o mundo

Mais de uma década depois da publicação da *Harmonia do mundo*, foi a vez de Galileu, novamente, brindar as ciências exatas com outro trabalho profundamente inovador, seu *Diálogo sobre os dois máximos sistemas do mundo ptolomaico e copernicano*, de 1632. Esse tratado tornou-se um divisor de águas em sua carreira, pois foi a partir dele que Galileu divulgou seus grandes trabalhos, mas também começou a sofrer fortes pressões religiosas. O *Diálogo* foi proibido pela Igreja no mesmo ano de sua publicação, e no ano seguinte, 1633, Galileu foi condenado pela Inquisição a abjurar de suas crenças defendidas nesta obra. Entre os principais motivos da condenação estão a rotação da Terra e sua revolução em torno do Sol, mas é importante destacar que outros fatores, alheios ao seu tratado, levaram Galileu a este processo.

O título do livro não foi em vão, pois, de fato, ele traz um diálogo entre três personagens: Salviati, Sagredo e Simplício. Cada um deles apresenta personalidades diferentes, sendo o primeiro um sábio visionário, o segundo um leigo de mente aberta, e o último, um pensador antiquado. Galileu não criou nenhuma relação explícita entre o seu modo de pensar com o de qualquer personagem, apesar de sabermos hoje que o defensor de seus preceitos era Salviati. Ao ler suas palavras, descobrimos como pensava Galilei. Já as ideias defendidas pela Igreja podem ser encontradas no pensamento de Simplício, o que complicava ainda mais a situação do cientista perante os cristãos.

O *Diálogo* foi dividido em quatro partes, identificadas como "jornadas". Na primeira jornada, dá-se uma espécie de revisão de diversos conceitos vigentes, principalmente no que diz respeito aos movimentos naturais tanto terrestres como celestes. Na segunda jornada, Galileu começa a buscar justificativas plausíveis a fim de comprovar sua visão do mundo. Para isso, ele teve que refutar certas objeções referentes aos movimentos terrestres. Uma delas dizia respeito à possibilidade de extrusão dos corpos, caso houvesse o movimento de rotação da Terra. Alguns estudiosos da época acreditavam que se a Terra executasse um movimento ao redor do seu eixo, os objetos em sua superfície deveriam ser expelidos devido à força centrífuga que atuaria sobre eles.

Utilizando-se das palavras de Salviati, Galileu pergunta: "Quando, portanto, a Terra se movesse com tamanha velocidade, qual seria a gravidade, qual a resistência das argamassas ..., para que não fossem atiradas para o céu por uma rotação tão violenta?" Ele conclui, porém, que esse "ímpeto" (um dos termos usados para se referir a essa força centrífuga), apesar de existir, só não projeta os corpos para o espaço porque a tendência que este corpo tem de permanecer na superfície da Terra é muito superior, o que, de fato, está correto, visto que a atração gravitacional é mais intensa que a força gerada pela rotação terrestre.

É na segunda jornada também que Galileu expõe o que se conhece atualmente como "princípio da relatividade". Não existe uma definição específica para este princípio, mas Roberto Martins, em seu artigo "Galileu e o princípio da relatividade", considera que uma frase que o identificaria bem é "o movimento comum não produz efeitos". A principal utilidade desse recurso era explicar o comportamento dos corpos em queda, que não sofriam qualquer deslocamento notável devido à rotação do planeta. Galileu faz uso de excelentes exemplos para uma melhor visualização desse princípio, geralmente recorrendo a movimentos em um navio ora parado, ora se deslocando com movimento uniforme, mostrando que existe uma equivalência entre os dois casos.

Vale destacar que há, sim, uma força que atua em corpos em movimentos em sistemas em rotação, chamada de "força de Coriolis", formulada no século XIX. Porém, sua componente no experimento da queda livre pode ser considerada desprezível, de forma que até o próprio ar poderia causar um deslocamento mais significativo que esta força...

A gravidade também foi alvo de discussões entre os interlocutores do *Diálogo*. Simplício atribui a esse "princípio interno" o movimento dos corpos mundanos para baixo, diferente daquele externo e violento que impõe movimento aos projéteis, por exemplo. Galileu, contudo, se utiliza novamente das palavras de Salviati e afirma: "Considero natural o movimento para cima dos graves pelo ímpeto concebido, como o movimento para baixo dependente da gravidade." Ele teve a oportunidade de elaborar ainda mais suas ideias em uma obra vindoura, conforme veremos.

Na terceira jornada, Galileu analisa a questão do movimento anual da Terra, e aproveita para exaltar a "perspicácia de Copérnico", pois enquanto alguns consideraram absurdo o deslocamento conjunto do sistema Terra-Lua, ele apostou justamente nisso. Com as observações realizadas por Galileu, foi possível constatar que tal comportamento se repetia no sistema de Júpiter, que tinha quatro satélites ao seu redor, corroborando assim a proposta copernicana.

Finalmente, na quarta jornada é apresentada formalmente a teoria do "fluxo e refluxo do mar". Galileu continuava a acreditar que a ocorrência das marés mostrava empiricamente que a Terra executava os movimentos de rotação e revolução, o que, de certa forma, contradiz seu princípio da relatividade. Ainda assim, ele foi fundo na argumentação com o intuito de provar que estava correto, apesar de boa parte dos pensadores contemporâneos e antigos, como já vimos, defender que aquele fenômeno estava relacionado à Lua.

Pela interpretação equivocada de Galileu, o fenômeno das marés deveria ocorrer em um intervalo de 24 horas. No entanto, o ciclo apresentado na natureza era de 12 horas, com duas marés cheias e duas vazias por dia, de uma forma geral. Mesmo com a natureza contrária a sua opinião, Galileu não abriu mão de suas convicções.

Nas últimas páginas de sua obra, o pensador aproveitou para repreender o já falecido Kepler, pois, de acordo com ele, "de todos os grandes homens que filosofaram sobre este efeito admirável da natureza, Kepler é o que me causa maior espanto, por ter ele, que é de engenho livre e agudo, e que tinha em mãos os movimentos atribuídos à Terra, dado ouvido e assentimento ao predomínio da Lua sobre a água, a propriedades ocultas e a semelhantes infantilidades".

Por essa e outras, é possível notar o quanto a postura de Galileu prejudicou sua relação com outros sábios de seu tempo. Sua arrogância não permitia admitir que seus argumentos pudessem estar errados, e assim, ele enxergava outras propostas como metafísica pura.

O discurso final

Em 1638, Galileu publicou sua última obra de peso, *Discursos e demonstrações acerca de duas novas ciências relativas à mecânica e aos movimentos locais*. Nesse livro, ele retoma o formato de diálogo e convoca seus personagens a discutir sobre a resistência dos materiais (a primeira ciência), e o que ele chamou de "movimentos locais" (a segunda ciência). Dos estudos ali apresentados, vários já tinham sido concluídos havia algum tempo e, segundo alguns historiadores, apenas uma fração do seu trabalho sobre os movimentos foi abordada nesses *Discursos*, se comparada com toda a sua produção nessa área ao longo de sua vida.

Assim como o *Diálogo*, os *Discursos* também foram divididos em quatro jornadas (duas outras jornadas incompletas foram inseridas em reedições póstumas). As que nos interessam são a terceira e a quarta, nas quais Galileu expõe teoremas e proposições que ainda não haviam sido demonstrados sobre os movimentos locais. É ali que ele divulga suas leis do movimento, dando ênfase à queda livre e ao movimento de projéteis.

Na terceira jornada, Galileu começa estudando o movimento uniforme, para, em seguida, partir para o "movimento naturalmente acelerado", no qual a gravidade tem papel de destaque. Todavia, ele não considera oportuno "investigar a causa da aceleração do movimento natural [*a própria gravidade*], dado que várias opiniões foram emitidas por diversos filósofos", citando, inclusive, que alguns a viam como sendo "uma atração pelo centro". Dando continuidade, ele passa a investigar e demonstrar algumas das propriedades do movimento acelerado.

Em uma primeira etapa, Galileu introduz como teorema a já apresentada regra da velocidade média aplicada aos graves cadentes, que, de acordo com ele, executariam um movimento "continuamente acelerado". Por esse nome, entende-se que em intervalos de tempos iguais, os corpos sofreriam aumentos iguais em suas velocidades. Para chegar a tal conclusão, Galileu analisou em queda livre diversos corpos, compostos de materiais diferentes, como ferro, madeira ou chumbo. E variou ainda os meios em que este movimento descendente ocorria, variando suas densidades, fazendo testes em meios como ar, água doce e salgada, vinho. Enfim, tudo para chegar a uma lei que explicasse o comportamento dos objetos em queda livre. Seus resultados não foram bons o suficiente, devido à dificuldade de se medir a velocidade de queda dos graves, mas mesmo assim foi possível concluir definitivamente que, diferentemente do que defendia Aristóteles, os corpos, independentemente de seus pesos, caem da mesma forma. Galileu chegou a acreditar que, se fosse possível eliminar a resistência do ar, uma pena e um martelo soltos simultaneamente de uma mesma altura, tocariam o chão ao mesmo tempo.*

Embora essa conclusão seja importantíssima, o problema da queda dos corpos ainda não estava resolvido. Mas Galileu estava apto a solucionar essa questão, e para isso recorreu a um artifício sensacional: construiu um plano inclinado para sobre ele analisar os movimentos. Tratava-se de uma canaleta escavada em madeira com uma folha de pergaminho bem lisa por onde uma esfera de bronze perfeitamente moldada se deslocaria. Com esse procedimento, ele tornava mais fácil medir as grandezas referentes ao movimento dos graves, uma vez que tal recurso permite "diluir" o movimento de queda livre. Desta forma, quanto menos inclinado o plano, mais lento ficaria o movimento, tornando mais fácil seu monitoramento. Já no caso oposto, quanto mais se inclinava o plano, mais próximo da queda livre, portanto, mais complicado obter as grandezas relativas àquele movimento.

Galileu afirmou ter repetido muitas vezes essa experiência, testando as mais diversas inclinações para seu plano. Os pesos das bolas que se deslocavam sobre o plano também variavam, a fim de mostrar definitivamente que o movimento independe dessa grandeza. Foi com esse experimento que ele verificou que o espaço percorrido por um corpo em queda livre a partir do repouso é proporcional ao quadrado do intervalo de tempo gasto para cumprir essa distância. Além disso, constatou também que a velocidade, nessa mesma situação, é proporcional ao tempo que o corpo leva até atingir o solo. Essas são as relações que regem o movimento de queda livre.

Uma controvérsia que cerca este tema é a maneira como Galileu mediu o tempo durante os experimentos. Alguns historiadores

---

*Em 1971 o astronauta americano David Scott realizou esse experimento deixando cair simultaneamente um martelo geológico e uma pena de falcão de uma mesma altura na superfície da Lua. Como lá não há atmosfera, não há resistência do ar. O resultado obtido confirmou que Galileu estava correto em suas análises, apesar de naquele momento ninguém mais duvidar disso. Se alguém quiser ver a gravação do experimento, basta acessar o endereço: http://science.nasa.gov/headlines/y2007/18may_equivalenceprinciple.htm?list891632.

relatam que teria sido com um relógio de água (também conhecido como clepsidra). Outros remetem ao mesmo método que ele teria aplicado na lenda do pêndulo da Catedral de Pisa: a marcação com sua pulsação. Há ainda um grupo que defende que Galileu teria usado a sua formação musical (seu pai era músico), e utilizado seu conhecimento de intervalos rítmicos para marcar a passagem da bola de bronze por certos pontos da trajetória que teriam sinetas. O fato é que, qualquer que tenha sido o método empregado, esses dados foram precisos o suficiente para permitir que ele chegasse às relações corretas entre as grandezas envolvidas na queda livre de um corpo.

Ainda na terceira jornada, Galileu formulou o que Newton considerou como a legítima antecessora da primeira de suas três leis do movimento, a lei da inércia. Segundo Galileu, seria possível "observar que um grau de velocidade qualquer, uma vez imposto a um móvel, imprime-se nele de forma indelével por sua própria natureza, desde que causas externas de aceleração ou retardamento não interfiram". Por esse ponto de vista, o movimento ao longo de um plano horizontal, como ele mesmo considerou, seria "eterno". Porém, esse plano horizontal seria uma fração da própria superfície terrestre, que em uma escala global é sabidamente esférica, o que possibilitou a criação de uma noção equivocada de inércia associada apenas a movimentos circulares.

Depois de toda a análise do movimento uniformemente acelerado, na quarta jornada, Galileu empreende um estudo do movimento de projéteis. Em sua primeira proposição ele já argumenta que "um projétil cujo movimento é composto por um movimento horizontal uniforme e por um movimento descendente naturalmente acelerado descreve em sua trajetória uma linha semiparabólica". A forma da trajetória desse tipo de movimento estava finalmente solucionada, a partir de todo o arcabouço teórico que havia sido fornecido nas páginas anteriores dos *Discursos*. Afinal, o movimento de projéteis surge, como o próprio Galileu afirma, da composição do movimento horizontal perpétuo, isto é, inercial, e do movimento uniformemente acelerado para baixo, devido à gravidade.

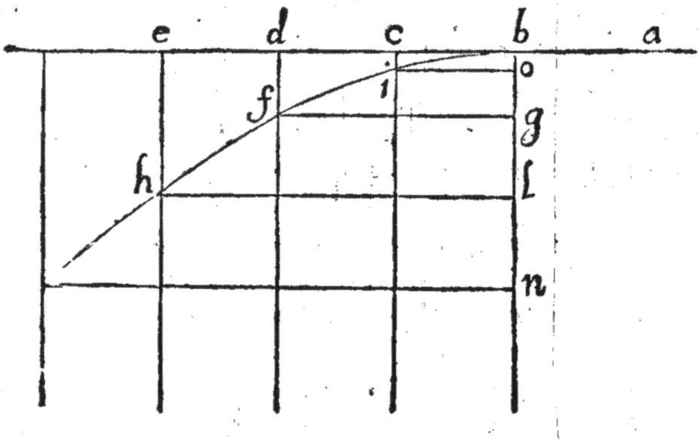

Gráfico original, contido nos *Discursos*, que mostra porque Galileu considerou a trajetória como uma semiparábola, já que o corpo teria partido do ponto b (suspenso) para um ponto mais baixo. Quando atirado do solo para o alto, ao atingir o solo novamente, a trajetória descrita terá sido uma parábola.

Galileu também confirma que "o alcance máximo [*do projétil*] ocorre quando a elevação é de 45°". Além disso, em sua oitava proposição ele afirma que "as amplitudes de duas parábolas descritas por projéteis disparados com a mesma velocidade, mas em ângulos de elevação que são maiores ou menores que 45° em uma mesma quantidade, são iguais entre si". Com esse trabalho, Galileu fornece excelentes resultados para os problemas referentes à balística, inclusive na forma de tabelas, usando para isso todo o conhecimento adquirido no estudo da gravidade.

Com as obras apresentadas por Kepler e Galileu é possível constatar que suas contribuições são inestimáveis para a história da gravidade (e, obviamente, da ciência como um todo). Os conceitos desenvolvidos por ambos foram importantíssimos e serviriam de base para que Newton pudesse chegar onde chegou. Novas teorias sobre o movimento, tanto terrestre quanto celeste, estavam praticamente prontas, faltando apenas uma mente capaz de unificá-las.

Em uma carta escrita em 1634, quando Kepler já havia morrido, Galileu escreveu que sempre estimou o engenho do colega, porém, "o meu filosofar é diferentíssimo do seu; e pode ocorrer que, escrevendo sobre as mesmas matérias, e particularmente acerca dos movimentos celestes, tenhamos por vezes chegado a algum conceito similar, se bem que poucos, de modo que tenhamos atribuído a algum efeito verdadeiro a mesma razão verdadeira; mas isso não se verificará em um por cento de meus pensamentos". Esse trecho resume bem como foi a relação desses dois gênios. Hoje, podemos apenas imaginar o quanto poderia ter sido ainda mais revolucionário o trabalho de ambos, se eles tivessem interagido mais intensamente.

6 Enfim, Newton...

> Até agora chamamos de "centrípeta" a força que mantém os corpos celestiais em suas órbitas. Foi agora estabelecido que esta força é a gravidade, e ela será chamada de gravidade daqui por diante.
>
> Isaac Newton (1643-1727)

O jovem Isaac vai ao Trinity... e volta!

A tentação é grande em nos perdermos nos interessantes detalhes sobre a vida de Isaac Newton. Especialmente porque um de nós já escreveu um capítulo inteiro sobre este tema, em outro livro — *Sobre os ombros de gigantes*, em 2004. Mas justamente por isso não vamos entrar em detalhes. Correríamos um grande risco de sermos redundantes...

Ainda assim, é interessante saber que Newton nasceu em um dia de Natal, em 1642, em uma Inglaterra que ainda seguia o calendário juliano (sob o nosso calendário, o gregoriano, criado em 1582, a data de nascimento de Newton seria 4 de janeiro de 1643). Seu pai, também chamado Isaac, morreu meses antes de seu nascimento.

Sua mãe, Hannah, casou-se novamente e isso seria um ponto de atrito na vida do jovem Isaac. Investindo em seu novo relacionamento, Hannah deixou o menino para ser cuidado pelos avós. Cerca de dez anos depois, ela enviuvou novamente e retornou ao convívio de seu filho. Logo depois, aos 12 anos de idade, Newton foi mandado para a escola, em regime de internato. Em 1661, aos 18 anos, Isaac Newton foi admitido no prestigioso Trinity College, em Cambridge. Na universidade, estudou o mundo aristotélico, mas também travou contato com as ideias revolucionárias vindas do continente europeu.

Pois em 1665, com o fechamento temporário do Trinity, devido a um surto de peste bubônica, Newton retornou para casa e encontrou a calma e a quietude necessária para desenvolver ideias próprias e se desvencilhar, de uma vez por todas, do jugo aristotélico.

Ideias, ideias, muitas ideias

Por conta da peste, Newton deixou para trás o Trinity College com um diploma debaixo do braço e nada que o distinguisse de seus colegas de turma. Mas a atenção dedicada às novidades pensadas por Copérnico, Kepler e Galileu não seria em vão, e assim que se viu livre para ter suas próprias ideias, Newton desabrochou como o grande gênio que era.

Em seu exílio acadêmico, Newton criou um novo ramo da matemática (o cálculo infinitesimal, conhecido popularmente hoje como "cálculo integral e diferencial"), fez importantes descobertas no ramo da óptica (por exemplo, a decomposição da luz branca em diferentes cores) e da mecânica (suas três leis de movimento) e, sobretudo, começou a entender o mecanismo que mantinha os planetas em suas órbitas: a gravidade.

Após dois anos de muitas ideias, Newton voltou a Trinity, onde conseguiu uma vaga como professor. Além disso, obteve o grau de mestre e, logo depois, tornou-se catedrático na universidade. Aos 27 anos, Isaac Newton tornou-se professor lucasiano, uma cátedra criada e patrocinada por Henry Lucas, parlamentar britânico, ocupada inicialmente por Isaac Barrow, orientador de Newton.

Foi Barrow quem sugeriu o nome de seu orientando para substituí-lo. Extremamente impressionado com as novas ideias que seu ex-aluno havia desenvolvido durante o exílio forçado pela peste, Barrow fez circular entre seus pares cópias do breve artigo em que Newton explicava seu "método das fluxões", que viria a ser o cálculo infinitesimal.

Além disso, Newton optou por iniciar sua carreira de catedrático com um curso sobre óptica, assombrando a todos com suas novas descobertas a respeito das cores e, também, demonstrando um grande senso prático ao propor um novo tipo de telescópio, não inventado por ele, mas definitivamente aperfeiçoado: o telescópio refletor.

Newton e Hooke

A doação de um telescópio refletor à Royal Society ajudou bastante em sua eleição para aquela instituição, dedicada à ciência e à filosofia natural. Em 1672, Newton estava no auge da sua fama. E, naturalmente, começou a atrair a atenção de outros luminares de sua época. Para o bem e para o mal...

Apesar da disputa de paternidade envolvendo o cálculo infinitesimal (entre Newton e Leibniz), podemos afirmar, sem sombra de dúvida, que o maior inimigo científico de Isaac Newton foi Robert Hooke (1635-1703).

Hooke foi um dos cientistas mais prolíficos da segunda metade do século XVII e só não se tornou mais famoso por ter tido a infelicidade de ser contemporâneo de Newton. Apesar de a Royal Society ter sido criada em 1662 e Hooke ter sido eleito para os seus quadros somente em 1663, ele é considerado um de seus fundadores, pois já fazia parte da Sociedade para a Promoção do Aprendizado da Experimentação Físico-Matemática, entidade precursora da Royal Society. Além disso, logo que foi fundada, a Society o contratou como "curador de experimentos" (que, para azar de Hooke, era um cargo sem vencimentos...).

Ele obteve sua fama científica em 1665 (ano que Newton deixou para trás o Trinity College, por conta da peste), ao publicar um livro chamado *Micrografia*, em que apresentava detalhadas ilustrações feitas a partir das observações através de um microscópio de fabricação própria.

Quando Newton publicou sua teoria sobre a luz, em 1672, Hooke deixou bem claro que as partes corretas haviam sido plagiadas de trabalhos seus e as partes originais estavam todas erradas. Newton não sabia lidar com esse tipo de acusação e simplesmente abandonou o ramo da óptica. Ou, pelo menos, deixou de publicar sobre o assunto. Continuou estudando a luz e seu livro sobre o assunto só foi publicado em 1704, um ano depois da morte de Hooke!

Ainda em 1672, Hooke fez uma tentativa de provar a primeira lei de Kepler, ou seja, que a Terra realmente se movia em uma elipse ao redor do Sol. Seis anos depois, propôs que a gravidade era uma força que agia de acordo com o "inverso do quadrado da distância", isto é, se dobrássemos a distância entre os corpos, a força cairia a um quarto da original.

Hooke, porém, não conseguiu produzir provas matemáticas convincentes...

Newton e Halley

Após sua desilusão com a óptica, devido às acusações de plágio provenientes de Robert Hooke, Newton se refugiou, então, na mecânica. Escolado, tomou precauções para não reviver a má experiência que tivera. Especialmente porque, em 1679, Hooke havia afirmado, em carta pessoal a Newton, que "a atração [*gravitacional*] sempre é em proporção duplicada à distância ao centro". Essa era uma ideia que Newton já havia tido em seus anos de exílio!

Ciente de que Hooke ainda não produzira provas do que afirmava, Newton entregou-se ao trabalho. Ele conseguiu ligar matematicamente as duas primeiras leis de Kepler ao conceito de aceleração centrípeta — aquela aceleração que todos sentimos ao fazermos uma curva...

E provou ainda que se a órbita tem forma elíptica, e esta forma é única e exclusivamente moldada por uma força central (isto é, que aponta para o centro), então não há outra solução para essa força que não seja ser proporcional ao inverso do quadrado da distância!

Mas nada disso fora publicado, e o problema permanecia em aberto...

Em 1684, Edmond Halley (1656-1742) — o astrônomo que ficaria mundialmente famoso por ter previsto o retorno de um certo cometa... — entrou na discussão. Membro da Royal Society e amigo de Hooke, Halley não se satisfez com as afirmações sem provas que Hooke distribuía à vontade. E de maneira completamente diferente de Hooke, Halley não tinha nenhuma reserva em perguntar a Newton o que ele achava do problema...

Em agosto daquele ano Halley foi a Cambridge fazer uma consulta a Newton. É marginal à nossa história, mas ainda assim é interessante notar que a vida pessoal de Halley estava completamente confusa por essa época. Seu pai (e principal patrocinador) havia morrido em circunstâncias duvidosas (após cinco semanas de um desaparecimento inexplicável), o que lhe causou um sério problema financeiro, pois a segunda esposa do velho Halley estava prestes a cortar toda a ajuda financeira ao enteado...

Mas, enfim... Halley consultou-se com Newton, em uma conversa que deve ter sido muito parecida com isto:

HALLEY: Senhor Newton, eu e alguns colegas da Royal Society estávamos debatendo sobre a órbita dos planetas...

NEWTON: Pois não?

HALLEY: E estávamos imaginando se poderia ser demonstrado que uma força central proporcional ao inverso do quadrado da distância poderia ser a responsável pela forma elíptica das órbitas planetárias.

NEWTON: Certamente que sim, senhor Halley. Há provas matemáticas relativamente simples que eu mesmo elaborei, começando com as ideias originais que pude contemplar em meus tempos de exílio na propriedade de minha família, por conta da infeliz Peste Negra, que aterrorizou o Trinity College.

HALLEY: Verdade?

NEWTON: Definitivamente. E tais provas foram produzidas mais recentemente e posso assegurar-lhe que estão corretas.

HALLEY: Gostaria muito de conhecer essas provas, se for de sua conveniência, é claro...

NEWTON: Não me é inconveniente de modo algum e, embora não as tenha de pronto para lhe entregar, posso sem problema algum enviar ao senhor logo que eu as organize.

Newton cumpriu o acordado e três meses depois, em novembro de 1684, chegou a Halley um curto artigo chamado "Sobre o movimento dos corpos em órbita" (popularmente conhecido como "*De motu*" — as duas primeiras palavras de seu nome em latim). Halley ficou extasiado com o que viu. Mas não completamente satisfeito...

No "*De motu*", Newton mostrava que se a órbita era uma elipse, a força deveria ser inversamente proporcional ao quadrado da distância. A pergunta original de Halley se referia à afirmação inversa: uma força inversamente proporcional ao quadrado da distância sempre produziria uma órbita elíptica?

Seduzido pela humildade de Halley, Newton concordou em trabalhar na afirmação inversa. O que ele achou que seria simples acabou tomando três anos de sua vida. O "*De motu*", com apenas nove páginas, evoluiu para um compêndio de três livros agrupados em um único volume batizado de *Princípios matemáticos da filosofia natural* (ou, simplesmente, *Principia*).

O *Principia**

O *Principia* é indubitavelmente a obra científica mais importante de todos os tempos. Sua estrutura é complexa: dividido formalmente em três livros, ele pode ser melhor entendido se o separarmos em seis "blocos temáticos", além dos prefácios que abrem as diferentes edições (houve três edições do *Principia* durante a vida de Newton, e cada uma delas conta com um prefácio distinto escrito por ele, além de um prefácio do editor, na segunda edição).

---

*A palavra *Principia*, em latim, quer dizer "princípios". É, portanto, plural. Mas aqui, quando escrevermos *Principia*, estamos fazendo alusão a um livro e a usaremos como se fosse um termo no singular.

Há, ainda, uma "Ode sobre este esplêndido ornamento ao nosso tempo e à nossa nação, o tratado matemático-físico pelo eminente Isaac Newton" abrindo todas as edições. Essa ode foi escrita por ninguém menos do que Edmond Halley (patrocinador da publicação!), e começa assim:

> Atentem ao padrão dos céus, e aos equilíbrios da estrutura divina;
> Atentem aos cálculos de Júpiter e às leis
> Que o criador de todas as coisas, enquanto estava preparando o início do mundo, não poderia violar;
> Atentem às fundações que ele conferiu aos seus feitos.*

A ode segue, descrevendo a grandiosidade da obra que ali começa, e termina enaltecendo seu autor:

> Oh! Você que se rejubila ao se alimentar do néctar dos deuses no céu,
> Junte-se a mim em meu canto de louvor a NEWTON, que nos revela tudo isso,
> Que abre o baú dos tesouros da verdade escondida,
> NEWTON, benquisto pelas Musas,
> Aquele em cujo coração puro mora Apolo e cuja mente se enche com seu poder divino;
> Mais perto dos deuses nenhum mortal pode chegar.

Será que ainda resta alguma dúvida no leitor o quanto a obra de Newton impressionou Halley?

Mas, de volta à nossa descrição do *Principia*, e seus seis "blocos"...

O primeiro "bloco" contém as definições, oito no total: "quantidade de matéria"; "quantidade de movimento"; "força inerente de matéria"; "força imprimida"; "força centrípeta"; "quantidade abso-

* Todas as citações do *Principia* são traduções de A. Cherman, a partir da tradução para o inglês feita em 1999 por I. Bernard Cohen e Anne Whitman da obra original de Newton, escrita em latim.

luta de força centrípeta"; "quantidade acelerativa de força centrípeta"; e "quantidade motiva de força centrípeta".

Para nossos presentes estudos, são particularmente importantes as definições 1 ("Quantidade de matéria é a medida de matéria que vem da densidade e do volume conjuntamente") e 5 ("Força centrípeta é a força pela qual os corpos são atraídos por todas as suas partes, são impulsionados, ou, de qualquer modo, tendem a um ponto como se fosse ao centro").

Ao que se sabe, o termo "força centrípeta" foi cunhado por Newton em uma analogia a outro termo, "força centrífuga", cunhado por Christiaan Huygens para designar a "vontade" que objetos que giram têm de se distanciar do centro (o famoso exemplo do objeto que roda amarrado a um barbante; se o barbante arrebenta, o objeto vai embora...).

Às oito definições segue-se um escólio, ou comentário, onde Newton tenta explicar sua necessidade de definir de forma tão precisa certos termos. Segundo ele, "apesar de tempo, espaço, lugar e movimento serem conceitos muito conhecidos por todos...", é fundamental distinguir os conceitos populares dos conceitos científicos. Newton faz questão de separar estes seus objetos de estudos em categorias: absoluta e relativa; verdadeira e aparente; matemática e comum.

O segundo "bloco" do *Principia*, chamado de "Axiomas", contém as três leis de movimento, seguidas por seis corolários e um escólio.

O terceiro "bloco" é o primeiro livro, chamado "Sobre o movimento dos corpos". Ali, entre outras coisas, Newton apresenta sua nova matemática, agora chamada por ele de "método das primeiras e últimas razões". São, ao todo, 14 seções contendo, no total, 98 proposições.

O quarto "bloco" é o segundo livro, que curiosamente também se chama "Sobre o movimento dos corpos". Newton se concentra, aqui, no movimento que sofre força de atrito. São nove seções que compreendem 53 proposições.

O quinto "bloco" é o livro três do *Principia*, intitulado "O sistema do mundo". É aqui que Newton trata da gravidade e, por isso mesmo, falaremos com mais detalhe desta parte logo a seguir.

A grande obra de Newton se encerra com o sexto "bloco", um escólio geral.

O sistema do mundo

Diferentemente dos dois outros livros que compõem o *Principia* (ambos intitulados "Sobre o movimento dos corpos"), o livro três não é dividido em seções. Mas o leitor atento pode entendê-lo como sendo composto por seis partes bastante distintas.

Antes, porém, Newton dá um aviso ao leitor: há algo de diferente no livro três, em comparação com os livros um e dois do *Principia*. Em suas palavras:

> Nos livros anteriores, apresentei princípios de filosofia que não são filosóficos, mas estritamente matemáticos... Ainda nos resta exibir o sistema do mundo a partir desses mesmos princípios. Sobre este assunto, escrevi uma versão preliminar do livro três, mais popular, para que pudesse ser amplamente lida. Mas aqueles que não compreenderam suficientemente os princípios aqui descritos certamente não vão perceber a força de suas conclusões nem vão se despojar de suas pré-concepções às quais já se acostumaram ao longo dos muitos anos; e, portanto, para evitar longas discussões e disputas, traduzi o conteúdo da versão preliminar em proposições de formato matemático, de modo que deva ser lido apenas por aqueles que dominaram os princípios. Mas como nos livros um e dois há um grande número de proposições... não me sinto à vontade em aconselhar quem quer que seja a ler todas elas. Será suficiente ler com cuidado as Definições, as Leis do Movimento e as três primeiras seções do livro um, e então ler este livro três sobre o sistema do mundo, consultando à vontade outras proposições dos livros um e dois que serão citadas aqui.

(É curioso notar que o próprio Newton aconselha os leitores a não lerem o livro dele, mas sim o consultarem sempre quando sentirem necessidade. O *Principia* é um daqueles livros que não são para ler, mas para ter!)

O livro três propriamente dito começa com uma primeira parte, as "Regras para o estudo da filosofia natural". São quatro no total. A primeira remete diretamente à navalha de Ockham, sobre a qual já falamos: "Nenhuma causa de fenômenos naturais deve ser admitida além daquelas que sejam verdadeiras e suficientes para explicar tais fenômenos."

A segunda parte é dedicada aos "Fenômenos", seis ao todo, constatações a cerca dos planetas, da Lua e, também, das luas de Júpiter (chamadas por ele de "planetas circunjovianos") e das luas de Saturno ("planetas circunsaturnianos"). Todas essas constatações remetem a duas das três leis de Kepler.

É importante frisar que a primeira lei de Kepler, que prescreve órbitas elípticas para os planetas, não é citada como um "fenômeno". Afinal de contas, o desafio do autor é justamente provar que existe uma razão para as órbitas serem elípticas... Newton deixa claro ao leitor o que é conhecido e o que ainda precisa ser explicado...

As quatro partes seguintes — "O movimento dos planetas e seus satélites"; "Explicação para as marés", "Movimento da Lua"; e "Movimento dos cometas" — estão, todas elas, de uma forma ou de outra, ligadas à força da gravidade...

As proposições do livro três

Para se ter a ideia de como é árida a leitura do livro três do *Principia*, cito literalmente a primeira proposição: "As forças que obrigam os planetas circunjovianos a continuamente se desviarem de um movimento retilíneo e que os mantêm em suas respectivas órbitas são direcionadas para o centro de Júpiter e são inversamente proporcionais aos quadrados de suas distâncias entre suas posições e aquele centro." Até aí, nada demais...

Mas a prova apresentada por Newton para essa afirmação é a seguinte: "A primeira parte desta proposição é evidente por conta do fenômeno um e da proposição dois ou da proposição três do livro um; e a segunda parte, do fenômeno um e do corolário seis à proposição quatro do livro um." Ou seja, teríamos que buscar em partes anteriores para realmente entendermos o que o autor quis dizer (ou, pelo menos, para entendermos a sua "prova")!

As proposições dois e três são praticamente idênticas, a segunda fazendo alusão aos "planetas primários" (Mercúrio, Vênus, Marte, Júpiter e Saturno) ao redor do Sol, e a terceira falando da Lua ao redor da Terra. Todos esses movimentos orbitais seriam causados por forças direcionadas ao centro e inversamente proporcionais ao quadrado da distância.

É na quarta proposição que Newton realmente começa a revolucionar o conhecimento humano. Ele diz que "a Lua gravita em direção à Terra e pela força da gravidade é sempre desviada de seu movimento retilíneo e mantida em sua órbita". Essa é a primeira vez na história que o movimento orbital da Lua é explicado através da força da gravidade exercida pela Terra!

Newton justifica sua afirmação por meio de resultados numéricos. A Lua, ele sabia, estava a "60 semidiâmetros terrestres" de distância; sua revolução ao redor da Terra dura 27 dias, 7 horas e 43 minutos; e, por fim, a circunferência da Terra mede 123.249.600 "pés parisienses, de acordo com medidas feitas pelos franceses". Com esses dados, Newton conclui que a Lua, se desprovida de sua velocidade transversal, cairia, no intervalo de tempo de um minuto, "15 pés e uma polegada".

O canhão de Newton — um interlúdio

Quando Newton fez seus cálculos sobre o movimento da Lua, certamente tinha um bom entendimento de dinâmica orbital. Ele sabia, como sabemos hoje, que a órbita nada mais é do que uma queda muito bem controlada. A Lua de fato cai, em um minuto, os 15 pés e pouco que Newton calculou.

Mas se a Lua cai realmente, porque ela nunca atinge a superfície da Terra?

Ora, devido ao seu movimento tangencial, sua velocidade lateral, ela compensa essa queda. Sua velocidade é tal que ela andará para o lado praticamente a mesma distância de sua queda e, como a superfície terrestre é curva, ao final deste minuto, a distância entre a Lua e a superfície da Terra permanece praticamente inalterada!

Um excelente exemplo didático foi dado pelo próprio Newton, e apareceu postumamente em seu tratado *Sobre o sistema do mundo*, de 1728.

Newton sugeria que se posicionasse um canhão no alto de uma montanha. O cano da arma de fogo deveria ser direcionado na horizontal. A bala, após o disparo, descreveria um arco e atingiria o solo a uma certa distância da base da montanha. Até aí, nada de mais...

Mas e se aumentássemos a quantidade de pólvora? A bala atingiria um ponto mais distante da base da montanha. Newton argumentou, corretamente, que se déssemos um empurrão forte o suficiente, o arco descrito pela bala de canhão passaria a acompanhar a curvatura da Terra e, portanto, a bala jamais atingiria o solo. A bala teria entrado em órbita!

O "canhão de Newton". Dependendo da quantidade de pólvora, a bala atingirá o solo em pontos cada vez mais distantes. Na figura, vemos a possibilidade de o projétil jamais chegar ao chão, mostrando que uma órbita nada mais é do que uma queda controlada. [Baseado na imagem contida no livro *Sobre o Sistema do Mundo*, ou *De mundi Systemate*, publicado em 1728 (um ano depois da morte de Newton).]

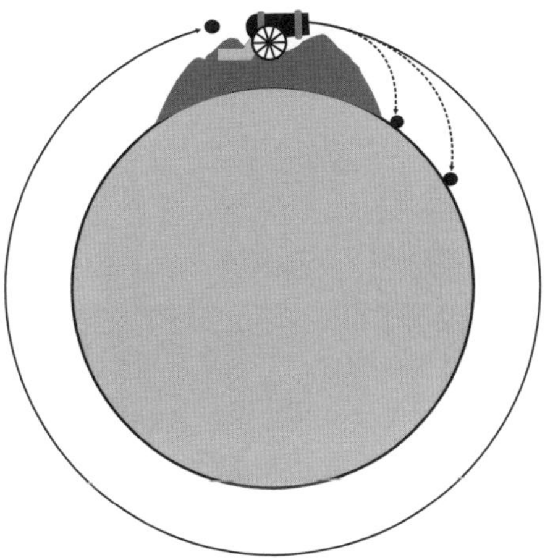

Aristóteles sai de cena...

A órbita da Lua nada mais é do que uma queda controlada. E Newton calculou exatamente o quanto a Lua cai, para que se mantenha sempre onde está. O cientista, então, aplica sua regra do inverso do quadrado da distância e conclui que um objeto que esteja na superfície terrestre deveria cair, em um minuto, 3.600 vezes essa distância. O resultado concorda com as extrapolações feitas a partir de medições da queda de corpos ao nível do mar! De fato, podemos afirmar que a mesma força que faz objetos caírem na Terra mantém a Lua em órbita!

A quinta proposição do livro três, "Sobre o sistema do mundo", generaliza o resultado da proposição anterior para as luas de Júpiter e Saturno. É, aliás, no escólio a essa proposição que achamos a bela afirmativa que serve de epígrafe a este capítulo.

Aristóteles é sem dúvida um dos grandes nomes da ciência. Por isso mesmo é tão doloroso apontar seus erros. Não só porque estamos revelando falhas de uma figura lendária, um ídolo até, mas porque só então percebemos o quanto um conceito errado pode atrasar o desenvolvimento do conhecimento.

Talvez o maior erro de Aristóteles tenha sido dividir o Universo em dois domínios distintos. Aquém da Lua era o mundo sublunar, onde as coisas quebram e não dão certo, os movimentos cessam e as coisas caem. Na Lua e além dela, outras regras valeriam. Ali era o mundo supralunar. Tudo era perfeito, constante e imutável.

Copérnico nos disse que a Terra não estava no centro do Universo. Ou seja, a divisão aristotélica era mais arbitrária do que parecia, pois sem a Terra imóvel no centro de todo o sistema, ela perde o sentido. Tycho Brahe observou uma supernova e um cometa, deixando claro que o mundo supralunar não era perfeito e imutável. Johannes Kepler descreveu órbitas elípticas, distantes da idealização circular típica das coisas divinas. Galileu viu satélites de Júpiter, manchas solares e crateras na Lua. Definitivamente havia algo errado com a perfeição supralunar propagada por Aristóteles...

E, enfim, Newton deu o golpe de misericórdia. Ao levar a força da gravidade para o espaço distante, usando-a não só para explicar o movimento da Lua, mas também o dos satélites de outros planetas, Newton deixou bem claro que a divisão sugerida por Aristóteles simplesmente não existia. Com sua obra, Newton quebrou um paradigma científico que já durava cerca de 2 mil anos!

De volta ao *Principia*

A "terceira parte" do livro três, na divisão conceitual que estamos seguindo, segue relatando fenômenos planetários e gravitacionais.

Merece menção a proposição sete ("A gravidade existe em todos os corpos universalmente e é proporcional à quantidade de matéria em cada um deles"), que, em conjunto com a afirmação anterior de que a força é inversamente proporcional ao quadrado da distância, é praticamente a forma final da força da gravidade que aprendemos com tanto sacrifício através da fórmula

$$F = \frac{GM_1M_2}{r^2}.$$

Voltaremos a falar sobre essa fórmula matemática, que jamais foi escrita por Newton, ainda neste capítulo.

A proposição 13 também merece uma menção especial, por resumir as duas primeiras leis de Kepler: "Os planetas se movem em elipses que têm um foco no centro do Sol, e por uma linha desenhada àquele centro eles descrevem áreas proporcionais ao tempo."

Antes de esgotar o assunto, Newton ainda faz menção à forma dos planetas e o achatamento dos polos (proposição 18): "Os eixos dos planetas são menores que os diâmetros desenhados perpendiculares a estes eixos."

Essa afirmação, porém, contradizia a ideia cartesiana dos vórtices...

Vórtices cartesianos — um interlúdio

Quando Newton mal completara seu primeiro aniversário, o filósofo francês René Descartes (1596-1650) publicou seus *Princípios filosóficos*, obra extensa dividida em quatro partes: "Os princípios do conhecimento humano", "Os princípios das coisas materiais", "Sobre o mundo visível" e "A Terra".

Nascido em 1596, sua frase mais famosa é um dos epítomes da filosofia moderna: "Penso, logo existo." Descartes contribuiu para várias áreas do conhecimento e, em particular, na matemática, é dele a criação de um ramo chamado geometria analítica, uma espécie de ponte entre a álgebra e a geometria que prepararia o terreno para a invenção do cálculo, logo em seguida. É de Descartes a ideia de mapear um plano por meio de um sistema de eixos ortogonais (comumente chamados de eixos x e y). Não por acaso, o plano devidamente orientado por dois eixos perpendiculares entre si é chamado de "plano cartesiano".

De nosso interesse particular é a defesa que Descartes fez de um princípio aristotélico ("A natureza abomina o vácuo"), e sua utilização para explicar o funcionamento da força da gravidade. Para Descartes, o Universo era, todo ele, preenchido por uma espécie de fluido. E esse fluido possuía um movimento próprio, surgido na criação do Cosmos.

Os planetas, imersos nessa estranha substância, ficavam à mercê dessas "correntes" e, por conta disto, possuíam movimentos. A revolução ao redor do Sol e a rotação de cada planeta eram explicadas através do movimento primordial do fluido. Para a rotação em especial, Descartes defendeu a existência de vórtices, pequenos redemoinhos muito semelhantes àqueles que se formam no escoamento da água através do ralo da pia... Presos aos vórtices cartesianos, os planetas não tinham opção a não ser girar!

O grande atrativo da teoria cartesiana era a ausência do vazio e, portanto, o contato perene entre os planetas e o fluido. Sempre em contato, era muito fácil explicar a atuação de um em outro e, portanto, era fácil explicar porque os planetas simplesmente não paravam de girar.

Uma consequência direta de sua ideia era uma deformação nos planetas. Por estarem rodopiando segundo um redemoinho, eles deveriam ser esticados no sentido de seu eixo. Em termos modernos, os planetas deveriam ser achatados no Equador...

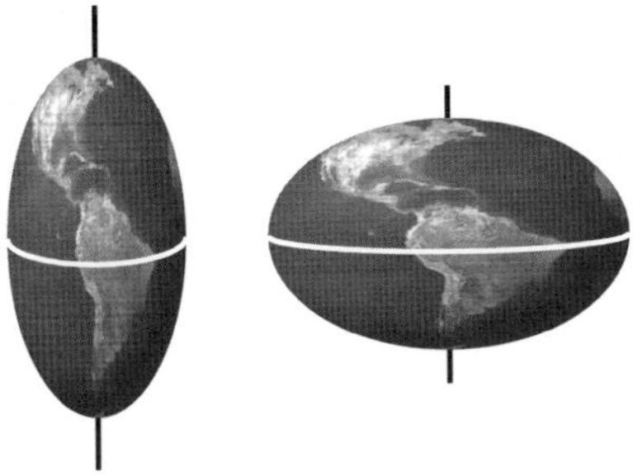

À esquerda, vemos a Terra achatada no Equador (previsão de Descartes); à direita, o planeta é visto achatado nos polos (previsão de Newton). Ambas as figuras estão exageradamente deformadas, para fins didáticos.

Newton, como acabamos de ver, dizia justamente o contrário!

Apesar das observações telescópicas mostrarem evidências de que os outros planetas realmente eram achatados nos polos (como dizia Newton), essa pendenga só foi sepultada por volta de 1750, com a análise dos resultados de duas expedições francesas que mediram o "tamanho" da Terra. Uma o fez na Lapônia, próximo ao Polo Norte; a outra veio à América do Sul, próximo ao Equador.

As comparações das medidas mostraram que a Terra era realmente achatada nos polos e, portanto, a forma proposta por Newton estava correta. Ou quase...

A previsão newtoniana descrevia o achatamento como uma razão de 1/230. Isso quer dizer que se dividirmos o maior raio (no Equador) pelo menor (no polo), obteríamos um número que poderia ser descrito como a unidade mais uma fração muito pequena (justamente esta razão, 1/230). Em notação decimal, mais familiar ao leitor, a razão entre o raio entre o centro da Terra e o Equador e o raio entre o centro da Terra e o polo seria 1,00435. O resultado encontrado, já na notação atual, foi de 1,00476! Ou seja, Newton estava quase certo...

Marés, a Lua, cometas

De volta ao *Principia*, Newton segue esmiuçando a gravidade, agora em maiores detalhes. Sua proposição 24 nos diz que "o vai e vem dos mares é causado pelas ações do Sol e da Lua". Apesar de parecer uma afirmação menor se comparada à natureza das forças celestes e às órbitas planetárias, essa afirmação pode ser considerada um dos grandes triunfos da gravitação newtoniana, pois trouxe um novo entendimento ao ciclo das marés, bastante importante para a navegação costeira. Newton detalhará esse assunto nas proposições 36 ("Encontrar a força do Sol que move o mar") e 37 ("Encontrar a força da Lua que move o mar").

A teoria newtoniana para as marés pode ser considerada a "quarta parte" do livro três do *Principia*.

A "quinta parte" desse livro, talvez a mais complexa, esmiúça detalhes sobre a Lua. Ela ocupa quase um terço do livro e é considerada por muitos estudiosos a mais revolucionária de toda a obra.

Nas palavras de I. Bernard Cohen: "Antes do *Principia*, todas as tentativas de lidar com o movimento da Lua consistiam em construir engenhosos esquemas que permitiriam aos astrônomos e calculistas levar em conta e prever movimentos e posições com suas variações e aparentes irregularidades. O *Principia* de Newton introduziu um programa para transformar esta parte da astronomia de uma intrincada geometria celestial em um ramo da física gravitacional." A sexta e última parte do livro três, nesta nossa divisão conceitual, é dedicada aos cometas.

Hypotheses non fingo

Como já foi dito antes de esmiuçarmos o livro três do *Principia*, a obra toda é encerrada por um escólio geral, de cerca de seis páginas.

Curiosamente, é nessa parte que está uma das citações mais conhecidas de Newton, que dá título a esta seção.

No penúltimo parágrafo deste escólio, Newton afirma que

> até agora eu expliquei os fenômenos dos céus e aqueles dos nossos mares por meio da força da gravidade, mas eu ainda não prescrevi uma causa para essa gravidade. De fato, essa força surge de alguma causa que penetra tão longe quanto os centros do Sol e dos planetas sem qualquer diminuição de seu poder de atuação, e age não em proporção à quantidade das superfícies das partículas sobre as quais age (como causas mecânicas são conhecidas por fazer), mas em proporção à quantidade de matéria sólida, e cuja ação é estendida a todos os lugares a imensas distâncias, sempre decrescendo com os quadrados das distâncias... Ainda não fui capaz de deduzir a partir dos fenômenos a razão para essas propriedades da gravidade e eu não fabrico hipóteses.

Esta última frase, "eu não fabrico hipóteses", é emblemática. Newton fazia questão de afirmar que "qualquer coisa que não seja deduzida de fenômenos deve ser chamada de hipótese, e hipóteses, sejam elas metafísicas ou físicas, baseadas em qualidades ocultas ou mecânicas, não têm lugar na filosofia experimental".

É possível perceber uma certa frustração em Newton, por não ter sido capaz de deduzir, baseado apenas em fenômenos, a causa da gravidade. Ele se consola, afirmando que "é suficiente que a gravidade realmente exista e que aja de acordo com as leis que apresentamos e que seja suficiente para explicar todos os movimentos dos corpos celestes e de nosso mar".

Um valor para a força da gravidade

Newton nos deixou um belo legado: a explicação de como funcionava a força da gravidade. Dados dois corpos quaisquer, separados por uma distância conhecida, a força gravitacional entre eles haveria de ser proporcional às suas massas e inversamente proporcional ao quadrado da distância que os separava. Excelente!

Mas, afinal, quanto valia esta força?

Isso Newton não disse! Faltava o que hoje chamamos de "constante de acoplamento", uma espécie de escala medidora que traduz uma grandeza física, bem explicada por Newton, em uma grandeza matemática (um número).

Diferentes unidades podem medir a mesma coisa. Uma hora, 60 minutos ou 3.600 segundos representam o mesmo intervalo de tempo, apesar de serem expressos com números diferentes. Mas uma vez escolhido um sistema de unidades (por exemplo, massas medidas em quilogramas e distância medida em metros), haverá um número único que nos dará justamente a calibração da lei proposta por Newton.

Esse número é, atualmente, conhecido como "constante de gravitação universal" e é usualmente representado pela letra *G*, de modo que a fórmula matemática que expressa a força da gravidade é

$$F = \frac{GM_1M_2}{r^2}.$$

E, em uma bela homenagem ao gênio, se usarmos as unidades supracitadas para medir massa e distância, a força será medida em uma unidade batizada de Newton, abreviada por N.

Com massas medidas em quilogramas, a distância medida em metros e a força resultante obtida em Newtons, o valor da constante de gravitação *G* é de 0,00000000006674. Um número extremamente pequeno e, certamente, bastante difícil de ser mensurado.

Cavendish e a balança de torção

A medição pioneira do valor de *G*, que nos permite até os dias de hoje quantificar a força da gravidade de acordo com a prescrição newtoniana, é normalmente atribuída a Henry Cavendish, cientista britânico famoso por ter sido o primeiro a descrever o hidrogênio (elemento mais abundante do Universo). Isso não está de todo correto...

De fato, foi o experimento feito por Cavendish, em 1797 e 1798, que permitiu o cálculo numérico de *G*. Mas não foi ele quem fez esse cálculo! Na verdade, segundo o artigo publicado por Cavendish nas *Philosophical Transactions of the Royal Society*, ele sequer cogitou fazer o cálculo de *G*.

O objetivo de Cavendish era medir a densidade da Terra, o que ele chamava de "pesar o mundo". Para isso, ele construiu uma balança de torção, seguindo os planos de um geólogo chamado John Michell (1724-93) — que morreu antes de poder, ele mesmo, realizar o experimento.

A balança de torção de Cavendish tinha por objetivo medir a força que uma bola de grandes dimensões e de massa conhecida

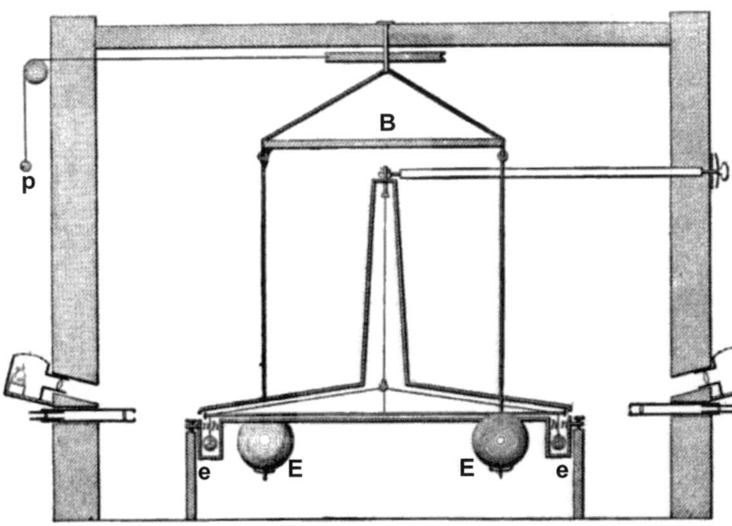

A balança de torção. As duas esferas maiores (E) são atraídas, gravitacionalmente, pelas duas menores (e). Isso faz com que elas girem o braço (B), movimentando o pequeno peso externo (p). Sabendo as massas de todas as esferas envolvidas, Cavendish foi capaz de calcular a massa da Terra. Uma "engenharia reversa" do experimento permite o cálculo do valor da constante *G*.

exercia sobre uma menor, e comparar essa força com a da Terra sobre a mesma bola menor. A razão entre as forças deveria ser igual à razão entre as massas; logo Cavendish saberia a massa da Terra (que ele não se deu ao trabalho de calcular!). Dividindo-se este valor pelo volume da Terra (considerada como um elipsoide de revolução, achatado nos polos), ele obteve a densidade média do nosso planeta.

É curioso notar que Cavendish poderia ter facilmente calculado o valor de *G*, uma das constantes universais da física. Não o fez por não julgar isso importante. Em sua época, ainda não havia uma unidade padrão de força (o Newton) e, portanto, cada unidade que fosse usada resultaria um valor diferente para *G*. Sob a ótica de Cavendish, *G* não era uma constante...

Com a subsequente padronização das unidades físicas e a criação do Sistema Internacional de Unidades, finalmente os físicos reconheceram a importância do valor de *G*, que foi enfim calculado (usando os dados originais de Cavendish) em 1873, 75 anos depois do experimento original!

Planetas perturbados

Uma das grandes vitórias da gravidade newtoniana foi sua capacidade de prever a existência de ao menos um planeta no Sistema Solar. Isso aconteceu em 1846, quase 160 anos depois da primeira edição do *Principia*. Para entendermos como isso foi possível, precisamos antes falar da descoberta do planeta Urano...

Urano foi descoberto por William Herschel (1738-1822), um astrônomo alemão, em 1781 (apesar de já ter sido observado algumas vezes pelo primeiro astrônomo real britânico, John Flamsteed (1646-1719), já em 1690; Flamsteed não o reconheceu como planeta, classificando-o como uma estrela da constelação de Touro).

Após dois mil anos de observação dos planetas conhecidos, havia agora um novo planeta no céu! Não é de espantar que Urano tornou-se uma febre entre astrônomos do mundo todo. E, graças a isso, dados de sua posição no céu — que se altera muito lentamente, pois hoje sabemos que Urano demora 84 anos para dar uma volta completa ao redor do Sol — começaram a se acumular.

Por volta de 1820, já havia dados suficientes para chamar a atenção dos mais cuidadosos: os dados empíricos não concordavam com as posições previstas pela lei da gravidade! Isso levou a alguns matemáticos, notadamente John Couch Adams (1819-1892) e Urbain Le Verrier (1811-1877) — independentemente —, a proporem uma solução inusitada para essa discrepância: havia um outro planeta, além da órbita de Urano, que, com sua gravidade, estava perturbando o sistema Sol-Urano.

Cálculos foram realizados e algumas cartas incisivas foram postadas, pedindo para diversos astrônomos em diferentes observatórios procurarem este novo corpo celeste, em uma região específica, predeterminada pela matemática. Quem primeiro o encontrou, um novo planeta, batizado de Netuno, foi o astrônomo alemão Johann Galle (1812-1910), em 1846, usando basicamente os dados fornecidos por Le Verrier.

Diferentemente do que afirmam alguns textos, a existência de um outro planeta, Plutão, não foi inferida por sua perturbação gravitacional em seus vizinhos. Ele é muito pequeno para provocar este efeito e, não por acaso, deixou de ser considerado um planeta em 2006 (sendo agora chamado de "planeta-anão").

Curiosamente, um outro parecia sofrer uma perturbação: Mercúrio. O mesmo Le Verrier que propôs a existência de Netuno, propôs também a existência de um planeta entre o Sol e Mercúrio. Tal planeta, batizado (antes mesmo de ser descoberto!) de Vulcano, seria o responsável por algumas discrepâncias apresentadas por Mercúrio em sua órbita. Hoje sabemos que Vulcano não existe — senão na cabeça do produtor Gene Roddenberry, criador da série de TV *Jornada nas estrelas* (afinal, é de lá que vem o Sr. Spock!) — e que o problema da órbita de Mercúrio é facilmente explicado pela atual teoria de gravitação, a relatividade geral.

Mas isso veremos na segunda parte...

PARTE II

A gravidade dos fatos

Alexandre Cherman

1 Chegando ao século XX

Não há nada de novo a ser descoberto na Física.

William Thomson, Lorde Kelvin

Revisitando o *status quo*

A gravidade fora explicada, enfim, em 1687. O *Principia* de Newton nos apresentou ao que hoje chamamos de "lei da gravitação universal". Embora demorasse ainda mais de um século para que Cavendish finalmente medisse a constante de acoplamento relativa a essa força, já há mais de 300 anos sabemos que a gravidade é uma força de atração entre corpos, proporcional à quantidade de matéria existente nestes corpos, e inversamente proporcional ao quadrado da distância que os separa.

A explicação newtoniana era extremamente eficiente, e graças a ela os matemáticos Urban Le Verrier e John Couch Adams, independentemente, foram capazes de prever a existência de um oitavo planeta no Sistema Solar, além da órbita de Urano. Este planeta foi de fato descoberto em 1846, pelo astrônomo Johann Galle. Foi uma prova concreta de que a fórmula newtoniana era válida.

Além disso, a medição do achatamento da Terra nos polos, em meados do século XVIII, havia derrubado a ideia cartesiana de vórtices espaciais, reforçando a misteriosa "ação à distância" proposta por Newton.

Enfim, no começo do século XX, a comunidade científica não considerava a gravidade um "problema". Ela era uma força conhecida, explicada, sentida e medida, sempre de acordo com as ideias que Newton havia exposto em pleno século XVII. A frase de Kelvin que abre este capítulo, proferida em 1900 em um discurso para a Sociedade Britânica para o Avanço da Ciência, ilustra bem esse sentimento.

A luz e a gravidade

O mesmo gênio que nos deu a lei da gravitação universal construiu uma teoria sobre a natureza da luz. Nela, ele a definia como sendo feita de corpúsculos. Sim, para Newton, a luz era composta por grumos materiais e, por isso mesmo, estaria sujeita à ação da gravidade.

Essa afirmação costuma causar espanto, pois muitos acreditam que a ação gravitacional sobre a luz é um resultado muito mais recente, prescrito apenas pela relatividade geral de Albert Einstein, de 1915. Não.

Pois para Newton, o único fato especial sobre a luz, no que diz respeito à gravidade, era o fato de ela ter uma velocidade extremamente elevada. Assim, os efeitos gravitacionais do nosso planeta sobre os raios de luz seriam imperceptíveis. Mas massas maiores gerariam forças gravitacionais mais intensas, e, portanto, um raio de luz, nas proximidades de tais corpos, teria sua trajetória modificada.

Usando o conceito de velocidade de escape, o geólogo John Michell, em 1783, supôs a existência de corpos de massa tão elevada que aprisionariam, com sua gravidade, os raios de luz da circunvizinhança. Isso, ainda que de forma muito incipiente, é o que hoje chamamos de buracos negros.

Velocidade de escape é a velocidade inicial que um objeto deve ter para conseguir escapar da atração gravitacional de um corpo astronômico, sem o auxílio de propulsores. Seu cálculo é simples e está ligado à massa e ao raio do corpo astronômico em questão. Para a Terra, por exemplo, a velocidade de escape vale, ao longo da linha do Equador e ao nível do mar, 11km/s.

Um objeto astronômico que, conjugando raio pequeno e grande massa, tenha uma velocidade de escape maior que 300 mil km/s será capaz de aprisionar, em seu campo gravitacional, um raio de luz. Isso, claro, se partirmos do pressuposto de que a luz sofre interação gravitacional...

A natureza da luz

Desde os primórdios da ciência física discute-se sobre a natureza da luz. Há mais de 2.500 anos, esse já era um assunto de interesse para pensadores indianos. Também na Grécia e em Roma os filósofos e físicos de outrora se perguntavam do que era feito um raio de luz. E desde essas primeiras discussões, há sempre duas correntes bem estabelecidas: ondas ou partículas.

Sem nos alongarmos muito nos meandros da história, podemos começar nossa discussão no século XVII. O filósofo francês René Descartes defendia que a luz era uma onda, uma perturbação do *plenum*, substância que formaria as coisas do Universo. Em analogia com as ondas sonoras, Descartes acreditava firmemente que quanto mais denso fosse o meio de propagação, mais veloz seria um raio de luz.

Contemporâneo e conterrâneo de Descartes, o filósofo Pierre Gassendi defendia a natureza corpuscular da luz. As ideias de Gassendi inspiraram Isaac Newton, que, em 1675, antes da publicação do *Principia* e da desmesurada fama que veio a ganhar perante seus pares, defendeu a natureza material da luz.

Assim como a hipótese cartesiana, porém, Newton admitia que a luz aumentasse de velocidade quanto maior fosse a densidade do seu meio de propagação (isso seria causado justamente pela maior interação gravitacional entre o meio e a luz!).

Três anos depois, na Europa continental, o holandês Christiaan Huygens, descobridor dos anéis de Saturno e inventor do relógio de pêndulo, ousou desafiar o gênio newtoniano. Se para o britânico a luz era feita de corpúsculos materiais, Huygens defendia que a luz era uma onda, ou seja, a perturbação de algum meio material.

Mas Huygens, diferentemente da abordagem cartesiana, acreditava que a oscilação da onda de luz se dava em uma direção perpendicular à sua propagação, algo que chamamos de onda transversal. (Na onda de som, usada por Descartes para explicar também a onda luminosa, as oscilações se dão na mesma direção da propagação, algo que chamamos de onda longitudinal.) E por se tratar de uma onda transversal, como as ondas do mar, a velocidade de propagação da luz diminuiria quanto maior fosse a densidade do meio em que se propagasse.

Pois estas eram, como dissemos, as duas correntes antagônicas em fins do século XVII. Se a luz se acelerasse ao entrar em um meio mais denso, a balança pendia para a ideia newtoniana (luz composta por partículas); se a luz, ao contrário, perdesse velocidade ao entrar em um meio mais denso, a hipótese de Huygens seria favorecida (luz composta por ondas transversais).

Medir a velocidade da luz, porém, é algo extremamente difícil (especialmente se nos limitarmos a experimentos terrestres, não tirando proveito das grandes distâncias astronômicas). Sem provas concretas de ambos os lados da discussão, parecia lógico privilegiar a visão newtoniana. Afinal era (e ainda é), Newton, e não Huygens, o homem considerado o grande gênio da humanidade...

A discussão foi sepultada somente no começo do século XIX, quando o médico Thomas Young, tentando entender cada vez mais

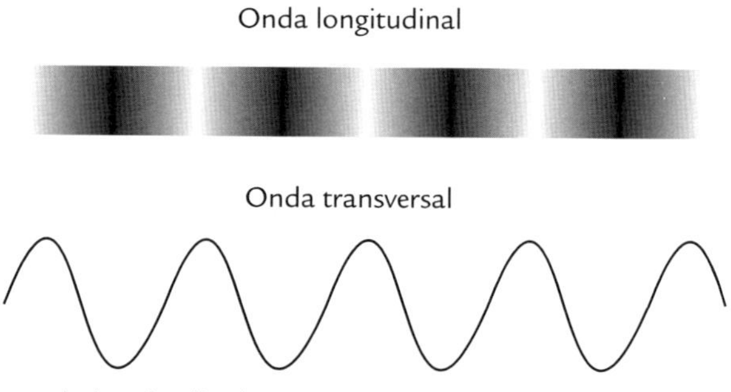

Na onda longitudinal, as oscilações são paralelas à direção do movimento; na onda transversal, são perpendiculares.

sobre o funcionamento do olho humano, conduziu experimentos definitivos sobre a luz e mostrou que esta era composta por ondas.

Young fez isso demonstrando que a luz, como qualquer outra onda, sofre o fenômeno de interferência. Para um leigo, essa informação não diria muito. Afinal, é claro que partículas também interferem entre si: elas podem se chocar e mudar suas posições e velocidades. Mas, em física, o termo "interferência" tem um significado muito particular, descrevendo um fenômeno tipicamente ondulatório.

Como disse antes, o exemplo mais emblemático de ondas transversais são as ondas do mar. Elas têm cristas (os pontos mais altos) e vales (os pontos mais baixos). A distância entre duas cristas consecutivas, ou dois vales, é chamada de comprimento de onda.

Se por algum motivo duas ondas se encontram, elas podem se somar totalmente (ao se encontrarem exatamente crista com crista, ou vale com vale) e podem se anular (crista com vale, ou vice-versa); podem, ainda, interagir entre si de qualquer forma intermediária entre estes dois extremos (soma total e aniquilação). Essa interação é o que chamamos de "interferência".

Pois ao mostrar que a luz sofria interferência, Young sepultou a teoria corpuscular e demonstrou que um raio de luz deve ser entendido como uma onda. Ele defendeu ainda que cada cor era o resultado de um diferente comprimento de onda, algo que sabemos hoje ser correto.

As duas fendas deixam passar duas frentes de onda, que interagem entre si ao atingirem o anteparo. Onde há interferência construtiva, a luz se soma e surge uma raia clara. Onde há interferência destrutiva, surge uma raia escura.

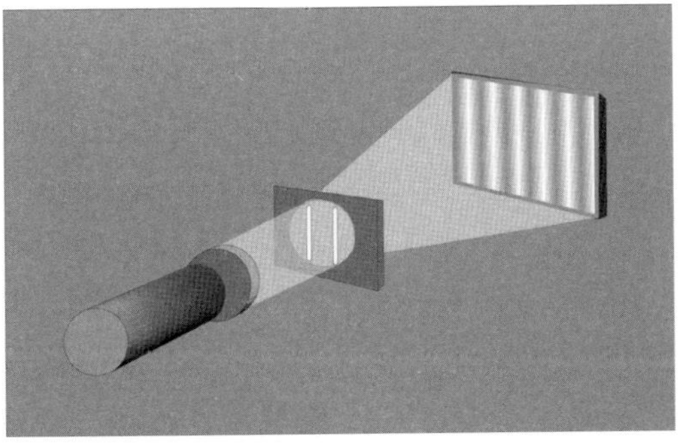

O éter luminífero

O ponto fraco da teoria ondulatória do raio de luz era seu meio de suporte. Sim, pois se a luz era uma onda, ela definitivamente precisava de um meio de propagação. A onda não é algo em si, mas sim a perturbação de um meio.

Revisitando modelos antigos (como, por exemplo, o próprio éter platônico, a quintessência aristotélica e o *plenum* cartesiano), surgiu a ideia do "éter luminífero", ou simplesmente éter.

Éter, em grego clássico, significa "ar puro". Este termo era usado por Platão para descrever a matéria que preenchia os aparentes vazios do Universo. Acrescido do adjetivo "luminífero", surge um termo que significa, literalmente, "ar portador de luz". Ou seja, esta estranha substância que permeia o Universo, preenchendo todos os espaços que julgamos vazios, foi inventada simplesmente para dar suporte à luz, que, como uma onda, necessita desesperadamente de um meio material para se propagar.

Do ponto de vista lógico, o éter era um monstrengo: uma substância desconhecida que preenchia cada espaço vazio do Universo todo, formando o maior objeto que sequer já fora imaginado! Ainda assim, medições da velocidade da luz por volta de 1850 mostraram que um raio luminoso realmente perdia velocidade ao percorrer um meio mais denso. Ou seja, mais uma prova de que a teoria de Huygens estava correta! O éter, por pior que fosse, parecia ser necessário...

Provando que o éter (não) existe

Mas a realidade não precisa ser bela, sobretudo não aos nossos olhos, sejam eles treinados ou não. Assim, por mais feia que fosse a ideia da existência de uma misteriosa substância formando um corpo do tamanho do Universo, ela parecia ser necessária e, portanto, real. Uma prova de que o éter de fato existia poria por terra qualquer argumento de natureza estético-filosófica.

A mais famosa das tentativas de provar a existência do éter é conhecida como "experimento Michelson-Morley". Sua premissa é simples: a Terra, ao girar ao redor do Sol, atravessa o éter existente no espaço (como um submarino abaixo da superfície corta as águas). Logo, nosso planeta está constantemente exposto a uma corrente de éter (sempre na direção contrária a seu movimento de revolução ao redor do Sol). Com isso em mente, a ideia é provar a existência dessa corrente de éter.

O físico americano Albert Michelson começou suas tentativas de fazer essa prova ainda em 1881. O experimento, entretanto, só tomou a forma final em 1887, com a contribuição de Edward Morley. A ideia de Michelson e Morley era simples: tomar um único raio de luz e o dividir, por meio de um semiespelho, em dois raios perpendiculares entre si. Esses dois raios deveriam percorrer distâncias idênticas antes de serem reunidos novamente. Se eles possuíssem a mesma velocidade, eles se reencontrariam com crista com crista, vale com vale (a relação entre as cristas e os vales de duas ondas é chamada de fase. Quando as cristas coincidem entre si, as ondas são ditas "em fase"; se as cristas não coincidem, as ondas estão "fora de fase").

Se, por algum motivo, esses raios de luz tivessem velocidades diferentes, eles se reencontrariam fora de fase, resultando em um típico padrão de interferência.

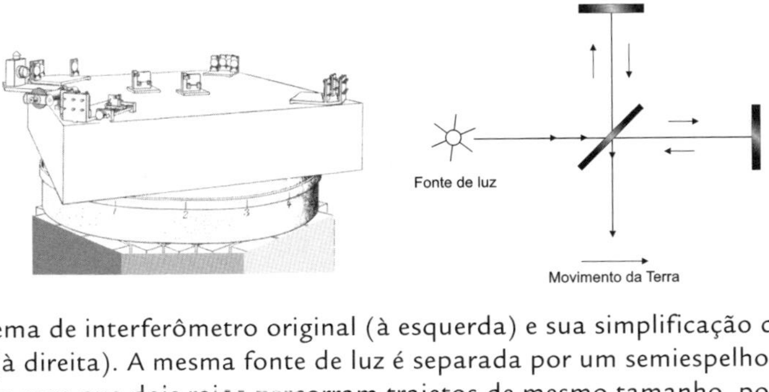

Esquema de interferômetro original (à esquerda) e sua simplificação didática (à direita). A mesma fonte de luz é separada por um semiespelho, fazendo com que dois raios percorram trajetos de mesmo tamanho, porém perpendiculares. Ao serem reunidos no final, haverá interferência se as velocidades dos raios tiverem sido diferentes (pressuposto de Michelson).

Mas por que, afinal, os raios de luz teriam velocidades diferentes? Ora, se eles percorriam direções diferentes (perpendiculares entre si), deveriam reagir de forma diferente ao vento de éter provocado pelo deslocamento da Terra! Assim como a correnteza de um rio afeta de forma diferente barcos que o percorram em diferentes direções, a corrente de éter deveria alterar a velocidade de cada raio de luz de forma distinta e, portanto, eles deveriam se reencontrar fora de fase, gerando um conhecido padrão de interferência.

Para a frustração de seus idealizadores, o experimento Michelson-Morley jamais conseguiu obter tal padrão de interferência. Nenhum dos dois jamais admitiu que seus resultados provaram a inexistência do éter. Um e outro prosseguiram com experimentos desse tipo, juntos ou com outros colaboradores, sem jamais conseguir o resultado desejado... O experimento Michelson-Morley é considerado por muitos o mais importante experimento fracassado da física!

Outras tentativas (malsucedidas) de provar a existência do éter são menos famosas. Por exemplo, o experimento Trouton-Noble, realizado nos primeiros anos do século XX: F.T. Trouton e H.R. Noble usaram capacitores, dispositivos eletrônicos simples que armazenam energia elétrica, que deveriam se alinhar com a direção do movimento da Terra na presença da corrente de éter (o que obviamente não aconteceu).

O que ondula a onda de luz?

Se a luz é uma onda, e a onda é uma perturbação de algo, a pergunta acima é fundamental. A resposta do século XIX era: o éter. Mas o éter, além de esteticamente indefensável, mostrava-se inexistente em vários experimentos científicos. A pergunta, portanto, persiste: o que ondula a onda de luz?

Nada, se quisermos nos ater ao mundo material. Mas se tivermos a intenção de obter uma resposta mais satisfatória, devemos adentrar o mundo imaterial. A luz é uma oscilação de campos elétricos e magnéticos. E, por ser assim, ela é uma onda imaterial, que não precisa de um meio para se propagar. A luz pode se propagar através do vácuo, tornando obsoleta a ideia de um éter luminífero.

Resta então, entendermos o que são campos elétricos e magnéticos...

O eletromagnetismo

Eletricidade e magnetismo são ramos da física conhecidos desde a Antiguidade. Os próprios termos têm origem grega. Eletricidade vem de *elektron*, âmbar em grego, em uma alusão de Tales de Mileto ao fenômeno que ocorria quando se esfregava uma peça de âmbar na lã de carneiro: o objeto passava a ter propriedades de atração (um experimento muito parecido pode ser feito nos dias de hoje com um pente de plástico esfregado em uma flanela). O próprio Tales também chamou a atenção para as rochas da Magnésia, uma região da Grécia, que tinha a estranha propriedade de atrair metais. O estudo dessas rochas passou a ser chamado de magnetismo.

Pois galgando séculos na história, faremos uma breve parada em 1600 para então adentrar o século XIX... O último ano do século XVI viu a publicação do livro *Sobre o imã*, de William Gilbert. Em seu texto, Gilbert reconhece a semelhança entre eletricidade e magnetismo, embora defenda que sejam fenômenos independentes. (Foi, aliás, nesse livro que Gilbert oficializou o termo "eletricidade" para se referir ao que Tales chamou de "fenômenos do âmbar".)

Já no século XIX se conhecia outra semelhança entre eletricidade e magnetismo: a força elétrica e a força magnética agem à distância e são inversamente proporcionais ao quadrado da distância. Exatamente como a própria força da gravidade! Em 1820, graças a um experimento fortuito do físico dinamarquês Hans Christian Oersted, ficou demonstrado que a eletricidade e o magnetismo se interferiam mutuamente. Além disso, Joseph-Marie Ampère, Michael Faraday e Joseph Henry demonstraram, com vários experimentos distintos, que de fato a eletricidade e o magnetismo deveriam ser encarados como um único ramo da física: o eletromagnetismo.

Campos de força

Michael Faraday foi um dos pioneiros do eletromagnetismo, apesar de nunca ter tido uma educação formal. Aos 14 anos, tornou-se aprendiz de um encadernador de livros e a maior parte de sua educação se deu graças aos inúmeros volumes passados por suas mãos.

Faraday interessou-se pelas questões da eletricidade e, para contornar uma forte deficiência matemática, desenvolveu o conceito de "campo". Este explicava perfeitamente a misteriosa "ação à distância", um inconveniente que perturbava a comunidade científica há muito tempo. Segundo o pensador, tanto a eletricidade quanto o magnetismo se propagavam pelo espaço, formando um campo de desenho específico. Sua representação pictográfica descrevia o campo por meio de linhas. A linha mostrava a direção do respectivo campo; flechas representavam o sentido; a densidade de linhas, por fim, mostrava a intensidade do campo. Assim, de forma puramente icônica, Faraday conseguia descrever os fenômenos elétricos e magnéticos (inclusive a lei do inverso do quadrado da distância), explicando-os como uma interação entre campos.

Não demorou muito para esse conceito de campo ser usado também para explicar a "ação à distância" da gravidade, dando origem à noção mais do que popularizada de campo gravitacional.

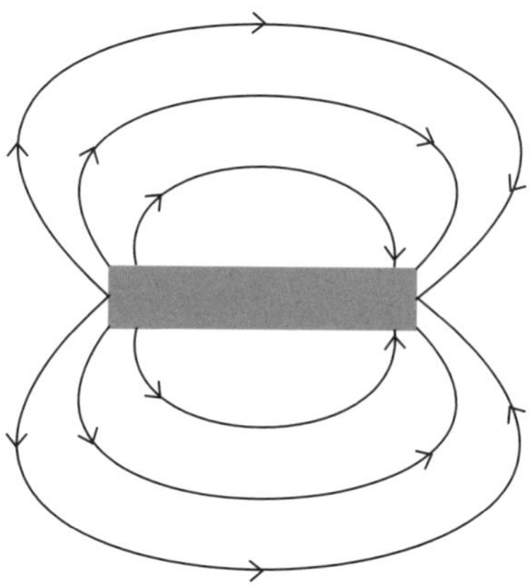

Para Faraday, a força magnética (entre outras) poderia ser explicada por meio da existência de um campo que se estendia pelo espaço. O conceito de campo de força é, hoje, uma das bases da física moderna.

A natureza da luz — Parte II

O mesmo Faraday que inventou o conceito de campo de força notou que a presença de um campo magnético influenciava na direção em que oscilava uma onda de luz (o que chamamos de "polarização"). Foi a primeira evidência empírica de que a luz estava, de alguma maneira, relacionada ao eletromagnetismo.

Em 1847, Michael Faraday sugeriu que a luz poderia ser uma vibração eletromagnética e, portanto, prescindia de um meio material para se propagar. Essa ideia inspirou o físico escocês James Clerk Maxwell a estudar a relação entre a luz e o eletromagnetismo. Reunindo as descobertas então recentes sobre eletricidade e magnetismo, Maxwell mostrou matematicamente que campos elétricos e magnéticos se induziam mutuamente; onde quer que houvesse um campo elétrico variável, haveria também um campo magnético (e vice-versa).

Além disso, Maxwell calculou a velocidade de propagação dos campos elétricos e magnéticos. Seu resultado numérico era semelhante à velocidade da luz, já medida por diferentes métodos. Em 1873, ele publicou um trabalho, *Tratado sobre eletricidade e magnetismo*, no qual faz uma descrição matemática completa de suas conclusões (um conjunto de equações até hoje conhecido como equações de Maxwell) e afirmou que a luz era uma radiação eletromagnética.

Pois em 1887, Heinrich Hertz foi o primeiro a produzir propositalmente ondas eletromagnéticas em laboratório, comprovando as predições teóricas de Maxwell. Estava comprovada, teórica e experimentalmente, a natureza eletromagnética da luz.

A velocidade da gravidade

Sendo um campo que se estende pelo espaço, e cuja intensidade decresce com o quadrado da distância à fonte, a gravidade pode ser muito proximamente comparada ao eletromagnetismo. Seria natural intuirmos que o campo gravitacional se propaga pelo espaço vazio com a mesma velocidade que se propagam os campos eletromagnéticos, ou seja, com a velocidade da luz.

Isaac Newton até tentou incorporar uma velocidade finita para a gravidade em sua gravitação universal (embora não tivesse prescrito qual seria o valor desta velocidade de propagação), mas acabou desistindo por pura conveniência, uma vez que a propagação instantânea produzia resultados em excelente acordo com a observação.

A gravidade newtoniana, é sempre bom lembrarmos, é uma força entre dois corpos. Essa força é sempre atrativa e atua na direção que une os corpos em questão. Tomemos o Sol e a Terra como exemplo. A distância que separa esses dois objetos astronômicos é de aproximadamente 150 milhões de quilômetros, ou cerca de oito minutos-luz (isto quer dizer que a luz do Sol demora por volta de oito minutos para chegar até a Terra). Se a gravidade se propaga com uma velocidade finita, a força que o Sol exerce sobre a Terra demora um certo tempo para atingir nosso planeta. Ou seja, a direção da força atrativa não deve ser a direção em que está o Sol, mas sim aquela em que o Sol esteve (em seu movimento aparente, uma vez que todos sabemos que é a Terra que está se movendo).

Se a gravidade atravessa o espaço com a velocidade da luz, então a força de atração que mantém a Terra em sua órbita deveria apontar não para a posição real do Sol, mas sim para onde o Sol estava cerca de oito minutos atrás! Essa observação simples trazia um complicador tão grande para as soluções matemáticas de Newton que ele optou por considerar a gravidade como uma força de ação instantânea, ou seja, com velocidade de propagação infinita.

Mas a "preguiça" de Newton não tinha base científica, apenas prática. A pergunta persistia: qual é a velocidade de propagação da gravidade? Pierre Simon, marquês de Laplace, foi um dos primeiros a tentar incorporar uma velocidade finita para a gravidade, no começo do século XIX. Mas a complexidade matemática persistia e suas ideias trouxeram mais dúvidas do que respostas...

Não seria natural que assim fosse? Ora, chegamos à conclusão de que a gravidade deveria possuir uma velocidade finita de propagação ao compará-la com o eletromagnetismo. E sabemos que esse ramo da física só tomou sua forma definitiva em meados do século XIX, depois de Newton, depois de Laplace. Assim, podemos dizer que foi graças ao estudo das interações eletromagnéticas que se sedimentou a ideia de que a gravidade possuía, de fato, uma velocidade finita de propagação...

Os campos eletromagnéticos viajam pelo espaço com a velocidade da luz. Isso é fato. Por conta disso, duas partículas carregadas que estivessem em movimento, deveriam estar "ligadas" por uma força que apontasse na direção "retardada" (onde elas estavam quando emitiram o campo, e não onde elas estão, quando percebem o campo alheio). Assim como a Terra deveria sentir a gravidade solar vinda de uma posição relativa a oito minutos no passado!

Mas considerações não triviais acerca da conservação do momento angular de um sistema eletricamente carregado mostram que isso não acontece: há uma compensação natural e a força realmente aponta na direção da "extrapolação linear da posição retardada", ou seja, a interação entre as partículas, apesar de ter uma velocidade finita, aponta na direção de onde elas estão, e não de onde elas estavam! E isso funciona também para a gravidade. Newton, em sua preguiça, acertou sem querer!

Então, por analogia entre os campos eletromagnético e gravitacional, fica fácil aceitar que a gravidade se propaga com a velocidade da luz. E isso será de fato prescrito com a nova teoria da gravidade, a relatividade geral, como veremos nos próximos capítulos...

2 A TEORIA DA RELATIVIDADE ESPECIAL

> Todos sabem que Einstein fez uma coisa assombrosa, mas muito poucos sabem exatamente o que foi.
>
> BERTRAND RUSSELL

Um paradigma confortável

A gravidade entra no século XX esgueirando-se pelas frestas da física clássica. A estranha "ação à distância" proposta por Isaac Newton em seu *Principia* estava agora bem entendida graças ao conceito de "campos de força" criado por Michael Faraday.

A descrição newtoniana gozava de boa reputação. Graças a ela, o planeta Netuno havia sido previsto teoricamente antes de ser descoberto de fato. Esse era, aparentemente, um teste definitivo da validade da teoria. Além disso, problemas com a órbita de Mercúrio, dos quais falaremos mais adiante, recebiam tratamento semelhante e não havia nada que indicasse que em algum cenário distinto a força da gravidade pudesse ser diferente do que Newton havia proposto.

Não havia, portanto, necessidade nem urgência de buscar uma nova teoria da gravidade. E é exatamente por isso que esta nova teoria adentrou a Física não pela porta da frente, mas pelas pequenas rachaduras de um forte arcabouço teórico.

Nem tudo é relativo

Em 1905, o trabalho pioneiro de um jovem físico alemão chamado Albert Einstein o colocaria em um pedestal nunca antes desfrutado por um cientista. Grande parte de seus trabalhos naquele período, que é conhecido como "ano milagroso" ou "ano maravilhoso" (*annus mirabilis*), pode ser reunido sob um grande guarda-chuva que se popularizou pelo nome de teoria da relatividade especial (ou, como alguns autores brasileiros preferem, teoria da relatividade restrita).

Diferentemente do que se pode imaginar (e do que é comumente dito), essa nova teoria não pode ser resumida na máxima "tudo é relativo". Muito pelo contrário! Sua pedra fundamental é justamente o oposto. Einstein postulou que havia ao menos uma grandeza absoluta no Universo: a velocidade da luz. Insisto: o cerne da teoria da relatividade especial é justamente a afirmação de que a velocidade da luz não é relativa!

Einstein, por sinal, não gostava do nome com que se popularizou esse seu conjunto de ideias. Segundo um dos seus biógrafos, A. Pais, Einstein teria preferido "teoria da velocidade da luz absoluta". Talvez este nome seja mais condizente com a realidade, mas seu apelo às massas é obviamente menor...

Moldando o espaço e o tempo

Pois ao demonstrar que a velocidade da luz é uma quantidade absoluta, ou seja, uma constante universal, Einstein mostrou que outras quantidades tidas até então como fundamentais deveriam ser maleáveis. Espaço e tempo, por exemplo.

Uma velocidade nada mais é do que a medida de um certo espaço (distância) percorrido em um certo tempo. Ora, para que todos, em qualquer condição, meçam sempre a mesma velocidade para um raio de luz, é necessário, então, que tempo e espaço sejam maleáveis.

A afirmação acima parece ser contraditória. Se uma velocidade é constante, então, em uma primeira abordagem, poderíamos defender que o espaço e o tempo também sejam constantes, de modo que a divisão de um pelo outro sempre resulte em um mesmo valor. Mas não é assim que devemos pensar...

Para que a velocidade da luz seja sempre medida com o mesmo valor, aproximadamente 300 mil km/s (no vácuo), é imperativo que cada observador fazendo a medição tenha sua própria noção de espaço e tempo, que pode ou não ser igual à de outro observador. E não custa lembrar que a velocidade da luz é uma prescrição das equações de Maxwell, ou seja, ela realmente deve ser medida com aquele valor, por todos os observadores.

Assim, para que a velocidade da luz seja uma grandeza absoluta, espaço e tempo devem ser relativos.

Quando 1+1 é igual a 1

Estamos acostumados, em nosso mundo cotidiano (leia-se: extremamente lento se comparado à velocidade da luz) a tomar a velocidade como uma "grandeza aditiva". Ou seja, se dois carros se cruzam em uma via de mão dupla, cada um com velocidade de 100km/h, a velocidade relativa entre eles será, obviamente, de 200km/h.

Mas se levarmos essa ideia para os limites da velocidade, ou seja, a velocidade da luz, veremos que dois raios de luz, cada um percorrendo o espaço vazio a 300 mil km/s, não podem se cruzar com velocidade relativa de 600 mil km/s, pois isso contraria o postulado inicial de que todos os observadores sempre medirão um raio de luz com a mesma velocidade!

Einstein costumava dizer que seu caminho rumo à relatividade especial começou com a singela pergunta: "O que vê um raio de luz"? Esta pergunta encerra a simplicidade do gênio! "Ver" algo significa ser alcançado por um raio de luz. E, segundo Einstein, esse raio, se estiver percorrendo o espaço vazio, chegará até o observador com velocidade de 300 mil km/s. E não depende da velocidade do próprio observador!

Assim, se um raio de luz "vê" outro raio de luz, nossos instintos nos dizem que a velocidade relativa entre eles deve ser 600 mil km/s. O raio "observador" viaja a 300 mil km/s; o "observado" também. Logo eles se cruzam a 600 mil km/s. É óbvio!

Mas isso contradiz o postulado inicial de Einstein! O raio de luz "observador" tem todo o direito de se julgar parado, e dizer que o raio de luz "observado" lhe chegou com velocidade de 600 mil km/s. Ora, isso não pode acontecer! A velocidade medida de um raio de luz, no vácuo, sempre será de 300 mil km/s! Assim, dois raios de luz que se cruzem, cada um a 300 mil km/s, se verão mutuamente com as mesmas velocidades. Ou seja, essa grandeza não pode ser considerada aditiva!

Réguas e relógios confiáveis

A velocidade nos parece aditiva (como no caso dos carros que se cruzam) porque vivemos em um mundo lerdo, muito abaixo da velocidade da luz. Mas quanto mais nos aproximamos deste limite, mais precisamos nos despir de nossas aproximações clássicas e encarar a realidade como ela é de fato.

Como vimos, a velocidade não é uma grandeza aditiva. Em nosso mundo clássico, quase fantasioso, uma pessoa parada veria um raio de luz cruzar o espaço vazio a 300 mil km/s. Outra pessoa, a bordo de uma nave espacial fictícia, que estivesse se deslocando a uns 200 mil km/s, veria o mesmo raio de luz passar por si a 500 mil km/s (presumindo que estivesse indo na mesma direção e em sentidos opostos).

Entretanto, não é isso o que acontece.

Observador parado e observador em movimento verão, ambos, o raio de luz cruzar o vazio com uma velocidade de 300 mil km/s! Esse é o postulado de Einstein. É isso que significa a velocidade da luz ser uma grandeza absoluta. Assim, a única maneira de explicarmos isso é levando em consideração que as réguas usadas para medir a distância percorrida pelo raio de luz, e os relógios usados para cronometrar o intervalo de tempo que o raio de luz gasta para percorrer tal distância, são réguas e relógios particulares.

Cada observador possui uma régua e um relógio confiável, que mede o que chamamos de seu espaço e tempo próprios.

A matemática que descreve isso de forma mais sucinta é bela e não muito complicada, mas foge do escopo deste livro. O leitor que se interessar pode buscar mais informações sobre um conjunto de equações chamado "transformações de Lorentz". São elas que permitem a comunicação inteligível entre observadores distintos.

Quatro dimensões

Einstein construiu seu postulado sobre a constância da velocidade da luz baseado nos resultados fornecidos pela unificação do eletromagnetismo com a teoria da luz, em meados do século XIX.

A partir disso, o resultado primeiro é a não aditividade das velocidades em geral, fato este que é mascarado em nosso dia a dia pela simples razão de que somos lentos demais para perceber as sutilezas da realidade física.

Essa propriedade recém-encontrada para as velocidades requer que espaço e tempo (réguas e relógios) sejam maleáveis. Na verdade, Einstein mostrou que essas duas grandezas não são quantidades distintas e devem ser encaradas como um conjunto quadridimensional de coordenadas: o espaço-tempo.

Isso pode ser muito bem compreendido em nosso cotidiano se levarmos em conta que, na prática, uma "dimensão" pode ser entendida como uma "coordenada": um valor numérico que nos ajuda a localizar algo.

O tempo, então, é uma coordenada. Se quisermos localizar um evento no tempo, precisaremos de um valor numérico existente em um sistema de coordenadas previamente estabelecido. Dizer que uma pessoa nasceu às 11h54 do dia 12 de novembro de 2007 é exatamente isso! Tomamos um sistema de coordenadas previamente estabelecido (nosso calendário, com seus dias de 24 horas) e, dentro dele, pinçamos um único valor numérico, inequívoco. Está localizado nosso evento, temporalmente. O tempo é, portanto, uma dimensão.

Podemos fazer a mesma coisa espacialmente. Para localizarmos um satélite no espaço, por exemplo, precisamos de três coordenadas: latitude, longitude (que nos permitem encontrar um ponto na superfície terrestre) e altitude. O espaço é, portanto, tridimensional. Mas, é claro, se realmente quisermos encontrar nosso satélite (que é móvel), precisaremos de quatro coordenadas, pois devemos dizer sua latitude, longitude, altitude e o instante exato em que ele estará nestas coordenadas. Ou seja, independentemente de Einstein e da Relatividade, nosso mundo sempre foi quadridimensional (três dimensões espaciais e uma dimensão temporal).

A inovação que a relatividade nos trouxe foi a mistura de coordenadas espaciais e temporais em algo muito mais básico: o espaço-tempo quadridimensional. Parece que nada mudou, é verdade, mas se mergulhássemos de cabeça nas equações da relatividade veríamos que agora o espaço e o tempo não são quantidades distintas e sim partes de algo maior, o espaço-tempo.

O lugar em que você está altera a forma como você mede o tempo; a hora do dia ou da noite afeta a forma como você mede o espaço!

Um limite físico para a velocidade

Einstein, partindo de seu postulado, derrubou a aditividade da velocidade e mostrou que o espaço e o tempo eram relativos.

A relatividade especial, entretanto, não para por aí. Velocidades, quaisquer que sejam, fazem parte do ramo da física chamado de cinemática. Ao criar uma nova regra para a adição das velocidades, Einstein estava criando uma nova cinemática.

Mas por mais excitante que isso possa parecer, é preciso ter muito cuidado para respeitar tudo o que já foi testado e aprovado antes. Einstein incorporou a lei de conservação da quantidade de movimento a sua nova cinemática, obtendo um resultado interessante: o aumento da massa em relação à velocidade.

A quantidade de movimento, também conhecida como momento linear, é o produto da massa de um corpo por sua velocidade. Um projétil disparado por uma arma de fogo tem pouca massa, mas grande velocidade. Um trem de carga tem muita massa, mas pouca velocidade. Ambos, porém, têm uma grande quantidade de movimento.

Uma das leis de ouro da Física é justamente a da conservação do momento linear. Ela diz que a quantidade de movimento em um choque entre dois corpos deve ser conservada (contanto que os dois corpos componham o que chamamos de "sistema fechado", ou seja, não estejam sob a influência de nenhum agente externo). A quantidade de movimento antes do choque deve ser rigorosamente igual à quantidade de movimento depois do choque.

(Uma mesa de bilhar não é um bom exemplo, pois a própria mesa, ao fornecer atrito, torna-se um agente externo e o choque entre duas bolas não é conservativo. Mas há um brinquedo, bastante comum nos grandes centros, sobretudo em áreas de lazer de shopping centers, o *air hockey* — aquele em que dois jogadores tentam, com bastões deslizantes, fazer gols com um disco que desliza sobre uma mesa —, que minimiza o atrito por meio de um colchão de ar. Esse poderia ser um excelente exemplo prático da conservação da quantidade de movimento.)

Para a cinemática de Einstein ser correta, ela deveria respeitar a lei de conservação da quantidade de movimento. Mas, é claro, algo deveria mudar, pois a quantidade de movimento é uma grandeza que junta massas e velocidades e, já vimos, a relatividade especial altera radicalmente a natureza das velocidades.

Incorporando a conservação do momento linear às suas ideias, Einstein concluiu que um corpo, ao ter sua velocidade aumentada, tem também um acréscimo em sua quantidade de matéria: quanto mais rápido se move um objeto, maior será a sua massa!

Isso acaba trazendo um limite físico ao Universo: um objeto, ao atingir a velocidade da luz, terá sua massa (seja ela qual for, grande ou pequena) aumentada ao infinito! De fato, cada pequeno acréscimo na velocidade causa um aumento na massa, o que torna mais difícil um novo acréscimo na velocidade...

Nenhum objeto com massa, por menor que seja, pode alcançar a velocidade da luz. A luz só viaja a velocidade da luz porque não tem massa.

A equação mais famosa do mundo

Por fim, ainda em 1905, Einstein incorporou outra importante lei de conservação à sua nova cinemática: a conservação da energia.

Essa poderosa afirmação é a primeira lei da termodinâmica: a energia do Universo é uma constante. Ou seja, a energia se conserva, sempre. Ela pode mudar de forma, mudar de lugar, mas nunca pode ser destruída, nem tampouco criada.

Simplificando nossa abordagem da teoria da relatividade, podemos continuar pensando no choque entre dois corpos. Assim como a quantidade de movimento se conserva, conserva-se também a energia do sistema. Parte da energia inicial se transformará em som, calor ou luz, dependendo do tipo de choque que pretendemos criar. Mas a maior parte permanece em um estado que chamamos de energia cinética, a "energia do movimento".

Assim como a quantidade de movimento, a energia cinética depende da massa e da velocidade de um corpo (mas sua fórmula é um pouco mais complexa do que um simples produto entre as duas grandezas...). Ora, se já sabemos que na nova cinemática velocidades e massas têm novas propriedades, é justo acreditarmos que isso de alguma forma vai afetar também a energia.

Einstein mostrou que a única forma de manter a lei da conservação da energia em acordo com sua nova cinemática era encarar a energia como um aspecto diferente da massa (e vice-versa, claro).

Pois na relatividade especial, massa e energia são duas faces de uma mesma moeda. Massa pode virar energia, energia pode virar massa. E isso é quantificado por uma expressão que é, possivelmente, a equação mais famosa de todos os tempos: $E=mc^2$ (E é a energia, m é a massa, e c representa a velocidade da luz).

A equivalência massa-energia acabou unificando duas leis de conservação antigas: a própria conservação da energia (primeira lei da termodinâmica) e a conservação da massa (proposta por Lavoisier, na famosa frase, "nada se perde, nada se cria, tudo se transforma").

O calcanhar de aquiles

O postulado de Einstein que nos trouxe até aqui diz que a velocidade da luz é uma constante do Universo. Entretanto, na verdade esse postulado diz que a velocidade da luz é constante para sistemas inerciais. E aqui entra o calcanhar de aquiles da relatividade especial: os sistemas inerciais.

Pois bem, esse postulado de Einstein de que tanto falamos é, na verdade, o segundo postulado. O primeiro diz que todos os referenciais inerciais são equivalentes entre si. Mas o que vem a ser um "referencial inercial"?

Falando simplesmente, um referencial inercial é um sistema de referências livre da ação de forças. Ou esse sistema se encontra imóvel, ou está em movimento retilíneo uniforme, com uma velocidade constante tanto em valor como em direção e sentido.

Toda a relatividade especial é construída para funcionar em referenciais inerciais. Por isso mesmo ela é uma nova cinemática. Mas o mundo em que vivemos é permeado de forças e, para tratar disso, Einstein precisava desenvolver uma nova dinâmica.

Ele sabia disso. E apesar de estar bastante satisfeito com os resultados de sua relatividade especial, ficava claro que ele precisaria alargar seus domínios. Einstein precisava tornar uma teoria especial em uma teoria geral...

3 A TEORIA DA RELATIVIDADE GERAL

> A teoria da relatividade se assemelha a um edifício de dois andares, a teoria especial e a teoria geral. A teoria especial, sobre a qual a teoria geral se apoia, se aplica a todos os fenômenos com a exceção da gravidade; a teoria geral nos dá a lei da gravitação e sua relação com as outras forças da natureza.
>
> ALBERT EINSTEIN

Referenciais não inerciais

Por sua própria natureza, nascida a partir dos dois postulados de Einstein, a relatividade especial não contempla os sistemas de referência sob ação de forças e acelerações. (Por isso mesmo é comum, em português, chamarmos esta teoria de relatividade restrita.) Einstein não poderia estar satisfeito com isso...

Seu caminho, longo e tortuoso, não começou com o intuito de generalizar a teoria existente. Einstein, a princípio, não reconheceu as limitações da relatividade especial. Sua meta original não era generalizá-la (ou seja, criar uma teoria mais abrangente), e sim incorporar forças e acelerações à sua construção teórica de 1905.

Quando se propôs a fazer isso, ele realmente acreditava que seria uma tarefa simples, exigindo apenas algumas adaptações às fórmulas e aos conceitos recém-explicados pela relatividade especial.

Os referenciais não inerciais, sob ação de forças e acelerações, deveriam ser apenas mais um caso a ser tratado por sua relatividade (até então, a única que ele havia inventado...). Mas mal sabia Einstein que ele estava prestes a embarcar em uma longa jornada que duraria dez anos, cheia de idas e vindas e becos sem saída!

Um pensamento feliz

Em 1907, dois anos após a concepção da relatividade especial, já imbuído da tarefa de trazer para sua teoria os referenciais não inerciais, Einstein teve o que chamou de "o pensamento mais feliz de sua vida".

Se a relatividade especial nasceu da singela pergunta "o que vê um raio de luz?", podemos dizer que a relatividade geral tem um nascimento igualmente simples, quando Einstein afirma que "uma pessoa em queda livre não sente o próprio peso".

É verdade! Se, porventura, nos virmos subitamente em queda livre (seja em um trágico acidente ou em um salto de aventura radical), enquanto estivermos caindo, realmente não sentiremos o próprio peso. Em menor escala, isso pode ser sentido em qualquer elevador. Quando o equipamento inicia a descida, por uma fração de segundo nos sentimos mais leves (uma queda livre anularia o peso por completo!).

Einstein chamou isso, já em 1912, de "princípio da equivalência". Ele defendia, também sob a forma de um postulado, que um campo gravitacional que apontasse para baixo (como é o caso do que experimentamos em nosso planeta) era completamente equivalente à uma aceleração direcionada para cima.

Assim, ao cairmos, sofremos uma aceleração para baixo. Esta aceleração é equivalente a um campo gravitacional de mesma intensidade e direção, mas de sentido oposto. Ou seja, este "campo gravitacional" para cima, conjugado ao campo gravitacional real da Terra (para baixo), faz com que, durante a queda, nosso peso deixe de ser sentido!

Simulando a ausência de gravidade

O princípio da equivalência é usado corriqueiramente no treinamento de astronautas. Para simular um ambiente de gravidade zero, os futuros viajantes espaciais são levados, de avião, à alta estratosfera. Uma vez lá em cima, o avião faz um vertiginoso mergulho rumo ao solo, fazendo com que todos a bordo estejam, de fato, em queda livre. Em queda livre, portanto, não sentem o próprio peso e estão, ainda que de forma simulada, em um ambiente de gravidade zero!

O próprio ambiente espacial, a bordo de uma nave ou de uma estação espacial, é uma simulação de gravidade nula. O leitor diligente há de concordar que se realmente a gravidade fosse inexistente no espaço, não haveria como manter os satélites em órbita! É a gravidade terrestre que mantém naves, laboratórios e telescópios presos à nossa vizinhança, em uma trajetória controlada e pré-calculada que chamamos de órbita.

Como a proverbial bala de canhão newtoniana, um satélite está sempre em queda livre, de modo que localmente temos condições de gravidade zero. Ainda que, nunca é demais ressaltar, o satélite esteja sob a influência gravitacional da Terra!

O desvio da luz

Não é difícil chegarmos à conclusão de que um raio de luz, mesmo não tendo massa, sofre o efeito da gravidade. Basta nos concentrarmos no princípio da equivalência.

Façamos, então, uma versão do experimento mental clássico proposto por Einstein...

Imaginemos dois grandes cubos ocos. O primeiro está em repouso, na superfície da Terra. O segundo, está no espaço distante, longe de qualquer objeto dotado de grande massa, acelerando uniformemente para cima, com uma taxa de 9,8m/s^2. Isso quer dizer que a cada segundo que passa, sua velocidade aumenta em 9,8m/s. Não por acaso, este é exatamente o valor da aceleração da gravidade terrestre, sob condições ideais de temperatura e pressão, ao nível do mar.

Pelo princípio de equivalência, o interior de ambos os cubos é indistinguível. Não há como saber, uma vez estando-se confinado em um ou outro cubo, se estamos parados na Terra ou se estamos acelerando no espaço.

Pois bem, vamos começar pela Terra... Se formos a uma parede interna do cubo e arremessarmos algo (digamos, uma bola de tênis), com uma velocidade inicial paralela ao chão, este objeto atravessará o cubo e (se tivermos força suficiente) atingirá a parede oposta, em um ponto mais próximo ao chão do que o ponto de partida. Isso é óbvio! A gravidade atrai a bola de tênis e ela, mesmo indo para o lado, vai também em direção ao chão.

Ora, se reproduzirmos esta mesma experiência dentro do cubo que singra pelo espaço, obteremos o mesmo resultado. Logo que a bola de tênis se afasta da parede, o cubo continua acelerando. Livre de qualquer contato, a bola não sofre esta aceleração. Ou seja, não é a bola que cai, mas o cubo que sobe. O resultado, porém, é o mesmo. A bola de tênis atingirá a parede oposta mais próxima ao chão.

Continuando no espaço, façamos isso agora com um raio de luz. A velocidade com que o raio de luz atravessa o cubo é significativamente mais rápida do que a da bola de tênis. Ou seja, se quisermos perceber algum efeito, a aceleração do cubo deverá ser muito grande. Se essa condição for satisfeita, veríamos sim o raio de luz atingir a parede oposta mais próximo ao chão.

E, pelo princípio de equivalência, obteríamos o mesmo resultado se realizássemos essa experiência no cubo parado, que está na Terra. É claro que só perceberíamos a "queda" da luz se o campo gravitacional fosse muito intenso (o que não é o caso). Mas fica claro que a luz deve sim sofrer a atração da gravidade.

O desvio para o vermelho

Uma vez que percebemos que a luz sofre a influência gravitacional, há outro efeito que merece ser estudado além da simples mudança de direção.

A luz, já vimos, pode ser entendida como uma onda eletromagnética. Como qualquer onda, uma de suas grandezas fundamentais é o seu comprimento, ou seja, a distância entre duas de suas cristas (ou dois de seus vales) sucessivos.

O comprimento de onda de qualquer onda está intimamente ligado à sua frequência. No raio de luz, especificamente, ambas as grandezas podem ser traduzidas coloquialmente pelo conceito de cor. Cada cor (na verdade, cada tonalidade) equivale a um comprimento de onda diferente.

Nos concentrando apenas nas famosas "sete" cores do arco-íris (o número sete vai entre aspas, pois na verdade são infinitas as cores do arco-íris...), podemos afirmar que o vermelho possui um comprimento de onda maior do que o laranja, e este um comprimento maior do que o amarelo e assim sucessivamente, até o limite visível do violeta, com o menor comprimento de onda de todos.

(Comprimentos de onda maiores do que o da cor vermelha são coletivamente chamados de infravermelho; do outro lado do espectro, os comprimentos de onda menores do que o da cor violeta são os ultravioleta. Ambos os casos são invisíveis à vista humana, mas respeitam rigorosamente tudo o que falamos até agora sobre os raios de luz.)

Se, por algum motivo, conseguíssemos alterar o comprimento de onda de um raio de luz, alteraríamos a sua cor. Um aumento do comprimento de onda é genericamente chamado de "desvio para o vermelho" (*redshift*); já uma diminuição do comprimento de onda é coletivamente chamada de "desvio para o azul" (*blueshift*).

Se um raio de luz passa por um campo gravitacional, ele sofrerá uma atração e mudará o seu caminho. Isso só será percebido se o campo for forte o suficiente, mas acontece sempre, certo? Errado.

Se o raio de luz em questão estiver na mesma direção do campo gravitacional, seu caminho não será alterado. (Basta imaginarmos uma lanterna apontada para cima; sua luz está na mesma direção do campo gravitacional, ou seja, radial.) Ainda assim, a luz sofrerá a influência deste campo gravitacional. Nessas condições especiais, a gravidade será responsável por aumentar o comprimento de onda da radiação original, semelhante a uma mola sob a ação de um peso.

É isso que chamamos de desvio para o vermelho gravitacional.

A luz tem massa?

A luz sofre a influência da força da gravidade! Mas como pode isso acontecer, se a gravidade é uma força entre massas, e a luz não tem massa?

Se uma força é diretamente proporcional às massas, quanto maior a massa, maior a força! E, obviamente, quanto menor a massa, menor a força. No caso de massa nula, como por exemplo um raio de luz, a força deveria ser zero! E, ainda assim, o raio de luz sofre influência da gravidade...

Obviamente, algo não faz sentido. Mas a gravidade newtoniana já nos havia prestado grandes serviços, dando provas de sua validade. Um caso excepcional foi a previsão da existência de um planeta além de Urano, posteriormente descoberto em 1846 (Netuno). Ou seja, não podemos dizer que a gravidade newtoniana estava errada. No máximo, poderíamos dizer que ela estava incompleta.

Assim como a adição das velocidades é apenas uma aproximação da realidade, válida quando tratamos de velocidades baixas se comparadas à velocidade da luz, a gravitação newtoniana mostra-se também uma aproximação, válida quando os campos gravitacionais não são muito intensos (como é o caso da superfície do nosso planeta).

Uma primeira hipótese de trabalho, talvez a mais óbvia, seria postular que um raio de luz tem massa. Essa massa seria muito pequena, desprezível até, de modo que em campos gravitacionais fracos, jamais percebêssemos a atração sofrida pela luz. Em campos gravitacionais muito fortes, porém, a pequena massa do raio de luz seria grande o bastante para que essa atração gravitacional se tornasse perceptível.

Essa hipótese não funciona, pois o próprio Einstein já havia demonstrado, na relatividade especial, que à medida que um objeto com massa ganha velocidade, sua massa aumenta. Ou seja, mesmo uma massa muito pequena, desprezível até, se tornaria gigantesca quando levada a altas velocidades.

Um raio de luz, em repouso, poderia ter até uma massa desprezível, mas viajando a 300 mil km/s, esta massa se tornaria infinita. Ou seja, um raio de luz realmente não tem massa.

Retas e geodésicas

A luz não tem massa. E, ainda assim, sofre a atração da gravidade. Uma força que até então era vista como uma interação entre duas massas!

A solução desse dilema não foi imediata. Einstein, com toda a sua genialidade, demorou dez anos para chegar a ela. Sua mola propulsora foi justamente a busca por uma explicação que descrevesse a natureza da gravidade. "Interação entre massas" era, na melhor das hipóteses, uma aproximação. A verdadeira face da gravidade ainda estava oculta...

Uma fraca luz que iluminou o caminho do gênio foi sua famosa equação de equivalência entre massa e energia. Ora, se massa e energia são no fundo a mesma coisa, então ficava claro que a energia deveria sim sofrer interações gravitacionais. Mas como explicar isso?

Após muitas idas e vindas, tentativas frustradas e alguns pedidos de socorro, Einstein se deparou com as geometrias não euclidianas. Para os que já têm pesadelos com a geometria euclidiana aprendida nos bancos escolares, esse conceito pode ser ainda mais aterrador. Não deveria.

Moramos em um planeta com formato aproximadamente esférico e, portanto, em sua superfície, é impossível traçar uma linha reta! Por mais reta que seja nossa linha reta, o papel está sobre a mesa, que está sobre o piso, que está sobre a superfície do planeta, que não é uma superfície plana!

Na Terra, diferentemente de um dos mais famosos aforismos geométricos, o menor caminho entre dois pontos não é uma linha reta, simplesmente porque é impossível traçar uma linha reta sobre a superfície curva de nosso planeta.

Para não confundir "linha reta" com "menor caminho entre dois pontos", criou-se o termo "geodésica". A palavra tem origem grega, *geodaisia*, e quer dizer "dividir a Terra". Resumindo, o menor caminho entre dois pontos é uma geodésica. Na geometria euclidiana, que normalmente se aprende nas escolas, a geodésica é uma linha reta. Mas em diferentes geometrias, todas não euclidianas, a geodésica certamente não será uma reta.

É importante saber isso, pois há muito (desde a Grécia Antiga) também se acreditava que obrigatoriamente um raio de luz deveria percorrer uma linha reta. Se levarmos em conta que nada é mais rápido do que a luz, vemos que isso concorda bem com a ideia de "menor caminho entre dois pontos". O jeito mais rápido de se ir de um ponto ao outro seria seguir um raio de luz (que, ao que tudo indica, percorre uma linha reta e, portanto, comprova nossa ideia original de que o menor caminho entre dois pontos é mesmo uma linha reta!)

Agora sabemos que o menor caminho entre dois pontos é uma geodésica, que pode ser uma reta ou não. Então, se seguirmos um raio de luz, estaremos percorrendo esse menor caminho. Ou seja, a luz não percorre necessariamente sempre uma linha reta.

Geodésica, sempre! Linha reta, só se a geometria for euclidiana!

Uma nova abordagem para uma velha força

Einstein já possuía dois poderosos conceitos, vindos de fontes distintas.

Por suas próprias conclusões, um raio de luz, mesmo desprovido de massa, deveria sofrer a atração de um campo gravitacional.

E, segundo as novas geometrias não euclidianas criadas em meados do século XIX, os menores caminhos entre dois pontos não precisavam ser linhas retas.

Além disso, há a constatação óbvia de que tudo o que existe possui matéria e/ou energia. Ou seja, a gravidade é um fenômeno realmente universal, afetando a tudo e a todos.

A nova abordagem sobre a gravidade deveria não só manter válidas as afirmações newtonianas (que deveriam ser entendidas como meras aproximações da realidade), como também incorporar os novos fatos sobre a luz.

Einstein concluiu que a gravidade não era uma força em si, mas sim uma alteração na própria estrutura do espaço (e, por consequência, do tempo também, pois, desde 1905, tempo e espaço estavam casados como espaço-tempo).

Nos limites de pouca intensidade gravitacional, valeria a fórmula antiga, newtoniana. Mas seria necessária uma outra descrição, mais ampla, para dar conta do que acontecia a partir de um certo limiar.

A luz não tem massa, mas atravessa o espaço (e existe no tempo). Segundo a física clássica, um de seus raios seria imune à gravidade. Mas não é isso o que acontece. A deformação do espaço explicava muito bem os fenômenos descritos para a luz sob a influência da gravidade.

A curvatura do espaço-tempo

As palavras do físico Michio Kaku, ditas ao final do século XX, representam muito bem o choque que deve ter sido a chegada da relatividade geral e sua nova descrição de nosso tema: "De certo modo a gravidade não existe; o que move os planetas e as estrelas é a distorção do espaço e do tempo."

Ou, ainda, tomando emprestada a excelente explicação do físico John Archibald Wheeler, "o espaço diz à matéria como se mover e a matéria diz ao espaço como se curvar".

Tudo o que existe, matéria e/ou energia, está inserido no espaço-tempo. Ou seja, uma deformação espaçotemporal afeta a tudo e a todos, matéria e energia. Além disso, tal distorção espacial torna curvas as linhas retas euclidianas que esperaríamos encontrar. O raio de luz continua cumprindo sua missão de percorrer as geodésicas, menor caminho entre dois pontos; a única diferença é que as geodésicas não são mais linhas retas.

A diferença intrínseca entre as abordagens de Newton e Einstein pode ser comparada à diferença entre um ônibus e um trem, ao fazerem uma curva. O ônibus, como na gravidade de Newton, faz uma curva pois há algo agindo sobre ele (no caso do ônibus, um motorista atuante, no caso de um planeta, a força gravitacional exercida por uma estrela). Já o trem, como na gravidade de Einstein, não sofre força alguma; ele vai para onde o trilho o levar.

A simples presença de um objeto (com massa e/ou energia) deforma o espaço-tempo à sua volta. Qualquer outro objeto (com massa e/ou energia) será obrigado a existir nesse espaço-tempo curvo.

As consequências dessa interação, para massas e energias pequenas, podem ser entendidas como uma força que atua à distância, diretamente proporcional às massas envolvidas, e inversamente proporcional ao quadrado da distância.

Mas, em última análise, a gravidade não é uma força! A gravidade é uma deformação do espaço-tempo.

E, como uma deformação espaçotemporal, a gravidade deve respeitar a velocidade-limite do Universo, a da luz. Uma alteração qualquer em uma massa vai alterar a geometria circunvizinha. Mas a informação sobre essa alteração se propaga pelo espaço com a velocidade da luz. Ou seja, os efeitos gravitacionais, segundo a relatividade geral, não são instantâneos.

O eclipse de 1919

Einstein não fez o que fez em busca de comodidade nem tampouco se pautava por critérios estéticos. Ele buscava uma forma mais correta de descrever a gravidade (e uma vez alcançado esse objetivo, viu-se que a nova explicação era mais cômoda e bonita).

Foi guiado por equações matemáticas complexas e um profundo entendimento de certos fenômenos físicos. Ainda assim, todas as novidades que apresentou não passavam de especulação até que fossem comprovadas. É assim que se constrói uma teoria.

(Diferentemente do que se costuma dizer coloquialmente — "Ah! Isso é só uma teoria!" — uma teoria possui comprovação prática. Este é o método científico consagrado desde os tempos de Galileu Galilei: surge uma ideia — a hipótese —, que pode ou não ser comprovada experimentalmente. Uma hipótese só se transforma em uma teoria se há comprovação experimental de suas previsões.)

Pois bem... Einstein havia construído um corpo vasto de conhecimento, culminando em uma nova explicação para a gravidade, mas essas novidades todas careciam de uma comprovação prática. Aceitar uma ideia nova apenas porque ela é bela (ou porque faz sentido, ou porque foi dita por Einstein) não é uma atitude verdadeiramente científica.

A deflexão de um raio de luz só poderia ser mensurada nas proximidades de um campo gravitacional intenso. Nas proximidades da Terra, o campo gravitacional mais intenso é o gerado pelo Sol. A maior esperança de se observar o desvio de um raio de luz seria flagrá-lo nas proximidades de nossa estrela central.

O grande problema dessa ideia é que, via de regra, quando podemos observar o Sol não conseguimos observar mais nada. O dia está claro e todos os outros objetos celestes estão ofuscados pelo espalhamento da luz na atmosfera.

A não ser que tal observação seja feita durante um eclipse solar total...

Já em 1914, antes da relatividade geral estar pronta e publicada, Einstein já sabia que a observação de astros na borda do Sol, ou seja, próximos dele em termos angulares (portanto, na mesma direção ao serem observados), durante um eclipse poderia comprovar sua nova interpretação da gravidade. Infelizmente, a deflagração da Primeira Guerra Mundial impediu as medições do eclipse solar naquele ano (ocorrido em 21 de agosto, na região da Crimeia). Pela mesma razão, perdeu-se a oportunidade de obtenção de dados com o eclipse de 1916, visível da Venezuela.

Outra oportunidade perdida foi o fenômeno de junho de 1918, visto dos Estados Unidos. Apenas enfim em 1919 duas equipes inglesas foram formadas para observar o eclipse de maio. Uma delas veio ao Brasil, ficando em Sobral, no Ceará; a outra foi à Ilha de Príncipe, na costa da África.

As observações de estrelas angularmente próximas ao Sol, durante o eclipse de 1919 comprovaram não só as ideias de Einstein, mas também seus cálculos, pois os resultados obtidos empiricamente concordavam bem com os valores calculados pela nova teoria da gravidade, a relatividade geral.

Em 7 de novembro de 1919, o jornal *Times*, de Londres, publicou a seguinte manchete, em sua página 12: "Revolução na Ciência

— Nova Teoria do Universo —Derrubadas as Ideias de Newton." Convém lembrar que Newton é uma das personalidades das quais os ingleses têm mais orgulho de serem compatriotas!

Quarenta anos depois, em um laboratório de Harvard, um outro efeito gravitacional sobre a luz, o desvio para o vermelho, seria finalmente comprovado. Infelizmente Einstein já não estava mais vivo para receber a boa notícia...

A precessão do periélio de Mercúrio

Até agora, nos concentramos na luz e em sua interação com a gravidade, explicada enfim pela nova teoria de gravitação, a relatividade geral. Mas há outras provas de que a teoria da relatividade geral realmente descreve os fenômenos gravitacionais.

Uma órbita ao redor do Sol, em forma de uma elipse, tem dois pontos de interesse especial: o afélio (ponto mais distante do Sol) e o periélio (ponto mais próximo). Assim, cada um dos oito planetas do Sistema Solar tem muito bem definidos os seus respectivos periélios e afélios.

De nosso particular interesse é o periélio, pois sendo este o ponto de maior proximidade com o Sol, é lá que o planeta sofre mais intensamente os efeitos gravitacionais.

Em um mundo ideal, onde só existisse o Sol e um planeta, o periélio deste planeta seria um ponto fixo no espaço. Seria, assim, um excelente "ponto de partida" para a contagem orbital e poderíamos dizer que a cada nova passagem pelo periélio uma nova órbita seria iniciada.

Mas em um sistema como o nosso, em que há outros corpos exercendo gravidade (os próprios planetas, muitas luas, incontáveis asteroides), as órbitas dos planetas não são curvas fechadas (Sim, isso mesmo!) e o "ponto inicial" de cada órbita, ou seja, o periélio, se desloca pelo espaço. Esse movimento chamamos de precessão do periélio.

A precessão do periélio dos planetas em geral pode ser bem explicada pela gravitação universal de Newton. Toma-se o planeta em questão (por exemplo, a Terra) e se calcula a interação gravitacional com o Sol; em seguida, acrescentam-se termos perturbativos, que representam os demais corpos do Sistema Solar. Dessa maneira, é possível calcular, de forma newtoniana, a precessão do periélio.

Mas esse método não funciona para Mercúrio. Antes da relatividade geral, explicava-se isso apelando para a existência de Vulcano, aquele outro planeta entre Mercúrio e o Sol. Este planeta, com sua gravidade, alteraria a precessão do periélio do outro, explicando porque as observações não concordavam com os cálculos newtonianos. Além disso, e muito comodamente, Vulcano estaria tão próximo do Sol que seria virtualmente impossível observá-lo a partir da Terra! Ainda assim, muitos astrônomos tentaram encontrá-lo no céu...

Com a nova teoria da gravidade, Einstein mostrou que a precessão do periélio de Mercúrio era exatamente o que deveria ser. Por ser o planeta mais próximo do Sol, Mercúrio sente sua gravidade de forma mais intensa. Assim, a aproximação newtoniana perde a validade e precisamos da relatividade geral para explicar a interação gravitacional entre o Sol e Mercúrio.

Em resumo

Muitos dos resultados fantásticos que atribuímos a Einstein já eram vislumbrados por Newton. Com sua teoria corpuscular da luz, ele deixava claro que também um raio de luz deveria sofrer os efeitos da gravidade. Ou seja, a deflexão da luz e o desvio para o vermelho não são invenções de Einstein.

Mas a descrição de Newton para o raio de luz estava equivocada e, portanto, suas previsões não concordam com a realidade. Foi a elegante explicação de Einstein acerca da gravidade que permitiu casar observações e ideias.

Para campos gravitacionais fracos, podemos usar a gravitação universal de Newton sem medo de estarmos errando. Mas na presença de fortes campos gravitacionais, devemos lutar para nos aproximar ao máximo do que é demandado empiricamente pelos fenômenos. E, uma vez que é uma teoria mais ampla, quem faz isso é a relatividade geral.

A gravidade não é uma força entre corpos. A gravidade é uma distorção do espaço-tempo, provocada pela presença de matéria e energia. Mas se sabemos isso com tanta certeza, inclusive com provas obtidas por observações, qual é, então, o problema da gravidade?

4 A GRAVIDADE DE MUITO LONGE

> Noventa e cinco por cento do Universo está desaparecido. Ou não?
>
> MORDEHAI MILGROM

O bom e velho Isaac Newton

Não cansamos de dizer que Newton desvendou os segredos da gravidade. Mas já vimos que a explicação newtoniana deve ser entendida como uma aproximação da realidade, válida para campos gravitacionais fracos. E, sabemos, um campo gravitacional será fraco se tivermos pouca massa a gerá-lo ou, então, se estivermos muito longe da fonte.

Einstein mostrou que para campos gravitacionais intensos, a gravidade newtoniana era falha. Mas, como já dissemos, sua nova teoria da gravidade não descartou os resultados newtonianos. Apenas deixou claro que eles eram uma aproximação — uma excelente aproximação no caso de campos pouco intensos! Ou seja, se quisermos estudar a gravidade que se propaga a grandes distâncias, podemos, sim, investir na teoria de Newton, pois ela comprovadamente nos traz resultados coerentes e em conformidade com as observações, independentemente de não ser o que consideramos uma descrição correta da realidade física.

Apenas para fugirmos da prova clássica da validade da aproximação newtoniana — a previsão teórica da existência de Netuno e sua posterior descoberta —, convém lembrar outra vitória teórico-observacional: o cometa Halley.

Ele foi o primeiro corpo celeste desse tipo a ser reconhecido como periódico, e talvez por isso seu nome seja praticamente sinônimo de cometa. O Halley poderia ser considerado o "primeiro" cometa. Seu nome é uma justa homenagem ao astrônomo inglês Edmond Halley.

Halley, conterrâneo e contemporâneo de Newton, talvez tenha sido um dos primeiros astrônomos a incorporar a lei da gravitação universal em seu cotidiano científico. Nada mais natural, pois havia sido Halley que convidara Newton a explicar o problema das órbitas planetárias; também foi ele que patrocinou a primeira edição do *Principia*.

Acreditando que os cometas observados em 1531 e 1607 eram na verdade o mesmo objeto, Halley usou o novo conhecimento acerca da gravidade para prever seu retorno em 1758, prescrevendo uma periodicidade de 76 anos. O cometa de fato retornou, tendo sido avistado pela primeira vez no dia de Natal do ano previsto por ele. Infelizmente, Edmond Halley já não estava mais vivo quando isso aconteceu, mas seu nome foi imortalizado no cometa em questão...

A formação do Sistema Solar

O Sistema Solar formou-se há cerca de 5 bilhões de anos, por um processo repetitivo chamado pelos cientistas de *acresção*. Este termo é derivado do inglês *accretion*, que significa "acréscimo" (ou, mais especificamente, "crescimento regular"), quer dizer, pressupõe uma soma.

Havia aqui em nossa vizinhança uma grande nuvem de gás e poeira, como há nuvens deste tipo em tantas e tantas outras regiões do espaço. No interior dessa nuvem, pequenos grumos de matéria se formam e se desmancham, de maneira aleatória e imprevisível.

Alguns desses aglomerados perduram mais que outros. E, sabemos, matéria gera gravidade. Portanto, estes pequenos blocos de matéria no interior da nuvem passam a atrair mais matéria para si, gerando mais gravidade e atraindo cada vez mais matéria. Este é o processo de *acresção*.

O maior bloco de todos, formado em qualquer parte da nuvem, de forma aleatória, passa a ser o "centro" desse sistema que está nascendo. No caso de nossa vizinhança, esse maior bloco deu origem ao Sol. Blocos menores passaram a orbitar a estrela central: os planetas. Objetos ainda menores deram origem aos asteroides, meteoroides, cometas e satélites. Tudo isso regido pela força da gravidade!

As galáxias

Em uma escala maior, podemos reproduzir esse cenário para explicar a forma das galáxias. Galáxias são conjuntos de centenas de bilhões de estrelas, organizadas em uma forma coerente pela força da gravidade. A forma mais famosa de uma galáxia é a espiral, embora haja outras. A nossa galáxia, a Via Láctea, tem forma de espiral.

(Por conta deste formato achatado, nós, que estamos dentro da Via Láctea, a vemos no céu noturno como uma extensa faixa esbranquiçada. Por isso mesmo ela ganhou seu nome, que significa "caminho de leite". O próprio termo galáxia, aliás, partilha essa origem etimológica, *laktos*, leite.)

Ainda não é sabido se as galáxias se formaram antes das estrelas (o que chamamos de formação *top-down*) ou se as estrelas se formaram antes das galáxias (*bottom-up*). Na primeira hipótese, gigantescas nuvens de gás se separaram em blocos distintos no Universo jovem e a partir dessas grandes nuvens (para o modelo, já denomináveis de galáxias), as estrelas começaram a nascer. Na segunda hipótese, as estrelas surgiram homogeneamente no Universo e lentamente foram se organizando em estruturas gigantescas.

De um jeito ou de outro, sabemos que as galáxias mantêm suas formas coerentes devido à interação gravitacional de seus constituintes.

Uma típica galáxia espiral deveria funcionar como um "mega" Sistema Solar: uma grande massa ao centro, orbitada por massas menores. Em vez de termos uma estrela central e planetas em volta, temos, possivelmente, um buraco negro ao centro da galáxia, cercado por um congestionamento de estrelas muito próximas umas das outras ao centro (o que chamamos de núcleo galáctico). Girando ao redor desse núcleo, as massas menores (que seriam os planetas do Sistema Solar) são as outras estrelas, centenas de bilhões delas.

Isso tudo é muito bem conhecido, obedecendo à gravitação universal de Isaac Newton. Ou não?

Curvas de rotação

Diferentemente de um velho disco *long-play* sobre a bandeja de uma vitrola, a galáxia não é um corpo rígido. O LP deve, ele todo, girar com uma mesma velocidade angular. Isso quer dizer que cada ponto do disco de vinil leva exatamente o mesmo tempo para dar uma volta completa ao redor do eixo central. E, sendo assim, as partes externas do disco necessariamente têm uma velocidade linear maior. Afinal, por estarem na borda do disco, estes pontos têm que percorrer uma distância maior para completar uma mesma volta ao redor do eixo de rotação.

Resumindo, um corpo rígido que gira possui uma velocidade angular constante e velocidades lineares diferentes, maior velocidade quanto mais afastado seja o ponto em relação ao centro. Um gráfico que exprima isso é genericamente chamado de curva de rotação.

Mas a galáxia não é um corpo rígido. As estrelas giram ao redor do núcleo devido à gravidade e, quanto mais afastadas estiverem, menor será a influência do campo gravitacional. Assim, as estrelas

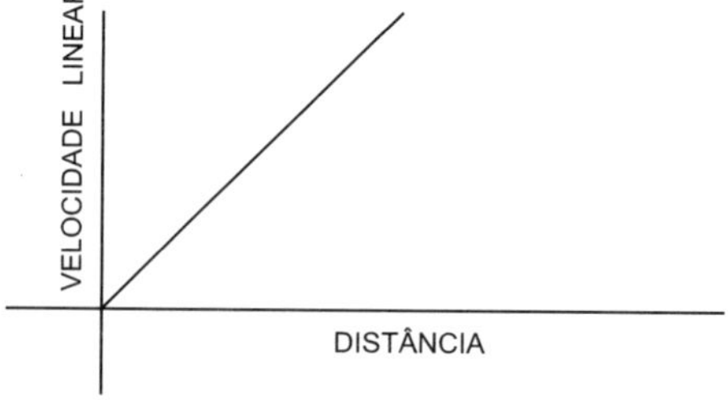

Em um corpo rígido que gira ao redor de um eixo, quanto mais nos afastamos do centro, maior será a velocidade linear de rotação. Ou seja, a velocidade cresce com a distância.

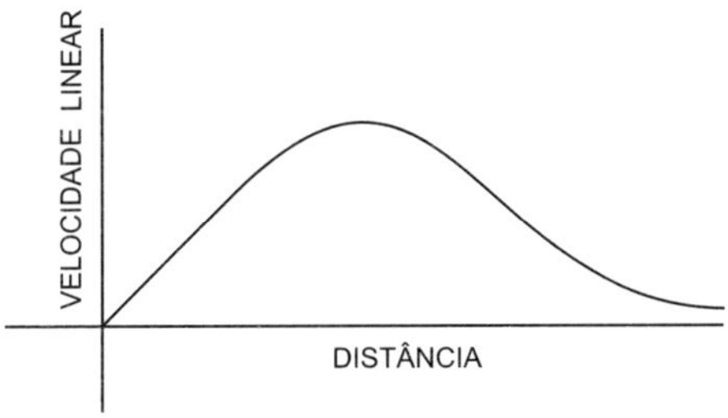

O núcleo da galáxia, devido a sua alta densidade estelar, deveria funcionar como um corpo rígido. Mas, ao sairmos do núcleo, estamos nos afastando da concentração de massa e, portanto, a força gravitacional deveria diminuir. Com isso, a velocidade linear dos objetos galácticos deveria diminuir com a distância. Ou seja, quanto mais longe do centro da galáxia, menor a força da gravidade sentida e, portanto, menor a velocidade.

mais afastadas devem girar ao redor do núcleo com velocidade linear menor.

Estranhamente, a curva de rotação observada para a galáxia é bastante diferente do que era esperado...

De fato, o núcleo da galáxia se comporta como um corpo rígido. Mas, estranhamente, o restante não apresentou o comportamento esperado. A velocidade linear permanece constante, dando origem a duas hipóteses: ou a lei da gravidade está errada (MOND) ou há matéria que não estamos vendo (matéria escura).

Matéria escura

A curva de rotação de algumas galáxias espirais foi observada na década de 1970. Feitas e refeitas as medições, o resultado era intrigante. A velocidade linear constante observada nas estrelas do disco galáctico deixava claro que alguma coisa estava errada com o cálculo teórico da influência gravitacional nesses objetos.

A estranheza desse resultado fortaleceu uma ideia inovadora que havia sido proposta em 1933 pelo cosmólogo búlgaro naturalizado americano Fritz Zwicky. Atacando um problema de natureza cosmológica que foge aos objetivos principais deste livro, ele havia sugerido a existência de algo que, por falta de um nome melhor, ficou conhecido como "matéria escura".

Isso nada mais é do que algo que produz um campo gravitacional mas simplesmente não pode ser observado. Não precisa ser necessariamente algo muito estranho, distante da nossa realidade, pois um corpo frio, longe de qualquer fonte luminosa, produzirá um campo gravitacional, mas não poderá ser detectado empiricamente.

Aproveitando a ideia original de Zwicky, cogitou-se a existência de matéria escura permeando as galáxias. Assim, os cálculos teóricos estariam equivocados simplesmente porque nunca levaram em conta a quantidade real de massa existente. Os cálculos feitos até então se utilizavam apenas da massa visível.

A matéria escura não deixa de ser uma solução confortável para um problema aparentemente complicado. Postula-se a existência de algo que não se vê, mas produz efeito gravitacional, e, com isso, explica-se a curva de rotação aparentemente estranha de uma galáxia. Em resumo: a curva de rotação observada não é estranha; ela reflete a existência da matéria escura. E quanta matéria escura existe em cada galáxia? Ora, o suficiente para explicar cada curva de rotação!

MOND

Do ponto de vista teórico, a matéria escura pode ser entendida como uma solução platônica, que visa salvar um fenômeno observado, adicionando um elemento complicador a uma teoria, apenas para preservá-la por motivos sentimentais.

Descontente com este tipo de solução, o físico israelense Mordehai Milgrom criou, em 1983, a MOND, sigla em inglês de "dinâmica newtoniana modificada". Essa ideia altera a segunda lei de Newton, que relaciona a força sofrida por um objeto com a aceleração resultante. Como para Newton a gravidade é uma força, qualquer coisa que altere a segunda lei da dinâmica altera também a gravidade!

Ou seja, segundo a MOND, a gravidade newtoniana é uma aproximação da realidade que perde sua validade não somente em pequenas distâncias, mas também nas grandes.

Para pequenas distâncias, a relatividade geral descreve melhor a interação gravitacional. Para grandes distâncias, precisaríamos da MOND. O que Milgrom defende é que a partir de um certo limite, a interação gravitacional não segue mais a regra newtoniana. Uma nova fórmula matemática deveria ser usada e, segundo sua prescrição, essa nova fórmula explica muito bem a curva de rotação de uma galáxia espiral.

A MOND é, obviamente, uma outra forma de salvar um fenômeno. Ela concorda muito bem com os dados observados, mas não há uma razão física subjacente para explicar porque a fórmula original newtoniana deve ser modificada a partir de um certo limite.

Entre a MOND e a matéria escura, a comunidade científica em sua maioria preferiu preservar a dinâmica newtoniana e procurar pela matéria escura, algo que não se vê e pode ou não estar lá...

No contexto deste livro, porém, a MOND se mostra mais interessante, pois mexe diretamente com a gravidade. Ainda assim, veremos que essa discussão é ofuscada por um problema ainda maior em relação à gravidade. Mas para falarmos disso, precisaremos antes investir nosso tempo em um breve interlúdio quântico.

5 Um pouco de física quântica

> Um físico é a forma que o átomo encontrou para entender sobre os átomos.
>
> George Wald

A-tomos

O "a" de átomo é o mesmo de atemporal, amoral e apartidário: é um prefixo de origem grega que exprime privação ou negação. Um átomo é algo que não comporta tomos, portanto. Ou, em linguagem mais coloquial, é algo que não pode ser dividido.

Esse termo foi criado na Grécia Antiga por filósofos que ficaram coletivamente conhecidos como atomistas. Os principais representantes desta corrente de pensamento foram Demócrito e Leucipo.

O atomismo defendia que tudo à nossa volta era composto por pequenas partículas indivisíveis que, combinadas de diferentes maneiras, resultavam nas coisas do mundo.

De encontro a essa ideia, veio o paradigma aristotélico do princípio quaternário. Para Aristóteles, tudo era feito de diferentes combinações de quatro elementos apenas: a terra, a água, o ar e o fogo.

Graças à força intelectual de Aristóteles, o atomismo foi relegado a uma mera curiosidade filosófica durante quase dois mil anos!

Mas o modelo experimentou alguns ressurgimentos esporádicos ao longo dos séculos, especialmente na época da Renascença. Giordano Bruno e Galileu Galilei foram atomistas, embora com diferentes graus de convicção. Na França, por essa mesma época, podemos citar René Descartes e o padre católico Pierre Gassendi; já na Inglaterra, temos Robert Boyle e o incomparável Isaac

Newton (que, como já vimos, acreditava que até a luz era feita de partículas!).

Em particular, a mecânica newtoniana concedeu um novo fôlego ao atomismo, pois uma vez entendidos os processos cinemáticos e dinâmicos dos corpos em movimento, esperava-se que todos os outros processos da natureza pudessem ser explicados por meio de choques, colisões e aproximações desses corpúsculos materiais...

Apesar de tudo, porém, os átomos eram apenas uma ideia simpática.

Átomos

A diferença, neste livro, entre um *a-tomo* e um átomo é simples. O *a-tomo* é uma ideia, um conceito. O átomo é algo real. *A-tomos* começaram a se transformar em átomos no começo do século XIX, com o trabalho de John Dalton.

Analisando experimentos próprios e de outros cientistas, Dalton concluiu que "cada partícula de água é igual a cada outra partícula de água, cada partícula de hidrogênio é igual a cada outra partícula de hidrogênio...". Somando-se a isso uma afirmação de Lavoisier ("Um elemento é uma substância que não pode ser simplificada"), Dalton concluiu que cada elemento era formado por um átomo diferente!

Diferentemente da enxurrada de ideias atomistas antes de Dalton, sua formulação permitia experimentações, pois entre outras coisas, Dalton apresentava uma novidade: átomos de diferentes elementos se combinavam para formar substâncias compostas. Isso possibilitava a reprodução de certos resultados em laboratório, tornando sua hipótese uma teoria.

Os átomos, conforme descritos por Dalton, eram reais. E sendo reais, eles retornaram à física pela porta da frente. Se os compostos químicos eram feitos de corpúsculos materiais, suas propriedades observáveis deveriam ser um reflexo do comportamento microscópico de seus constituintes básicos. A pressão de um gás, por exemplo, seria a "tradução" dos choques das partículas contra o recipiente que o contém. Isto é a teoria cinética dos gases.

(O precursor da teoria cinética dos gases foi, na verdade, Daniel Bernoulli. Em 1738, ele já dizia que certas propriedades dos gases poderiam ser explicadas por meio do intrincado movimento coletivo de suas partes constituintes, microscópicos corpúsculos materiais. Mas como nessa época os átomos não eram considerados como algo real, mas sim uma analogia simplificadora, as ideias de Bernoulli permaneceram adormecidas por muito tempo.)

A realidade do átomo prescrita por Dalton e as previsões coerentes feitas pela teoria cinética dos gases culminaram no que hoje chamamos de mecânica estatística: a explicação de fenômenos macroscópicos como um "comportamento de manada" de certos constituintes microscópicos. As primeiras formulações da Mecânica Estatística foram feitas por Ludwig Boltzmann e James Clerk Maxwell.

Tomos

Os átomos propostos por Dalton e usados por Maxwell podiam ou não ser reais. Isso, aparentemente, era uma questão de foro íntimo para diferentes cientistas. Independentemente dessa escolha puramente estética, não restava dúvida de que os átomos eram, no mínimo, uma ferramenta útil para explicar certos fenômenos.

Mas seriam eles de fato indivisíveis?

Segundo o conhecimento vigente, o mais leve de todos os átomos era o átomo do hidrogênio, primeiro elemento na tabela periódica criada por Dmitri Mendeleiev em 1869. Mas, em 1897, o físico inglês J.J. Thomson descobriu, em um experimento que envolvia a eletricidade sendo transmitida por um tubo de vácuo, uma partícula material mais leve que o mais leve dos átomos!

Thomson poderia ter interpretado seu resultado como a descoberta de um átomo mais simples do que o hidrogênio. Mas já se sabia que cada átomo correspondia a um elemento químico, e não se conhecia elemento químico mais simples que o hidrogênio! Muito corretamente, Thomson concluiu que a partícula recém-descoberta não era um átomo em si. Era, na verdade, parte de um átomo.

Em outras palavras, os átomos não são indivisíveis. Os átomos não são *a-tomos*! Ou, ainda, usando as palavras de Thomson: "o átomo químico é feito de um conjunto de átomos primordiais". Este "átomo primordial" encontrado por Thomson foi batizado de "elétron" por George Fitzgerald. Esse nome foi um resgate de uma ideia teórica de George Stoney, apresentada em 1891 à Academia de Ciências de Dublin, defendendo a existência de uma partícula que "carregava" a eletricidade.

As medições feitas por Thomson mostravam duas coisas: os elétrons tinham carga elétrica negativa e massa muito inferior (cerca de um milésimo) do átomo mais simples conhecido (o átomo de hidrogênio). Defendendo ainda a ideia atomista, Thomson postulou a existência de um outro tipo de corpúsculo, sempre com carga positiva e com massa muito maior que a do elétron. Batizou-o de "próton", usando o prefixo grego "pro" ("primeiro").

A união de prótons e elétrons permitia a existência de átomos sem carga elétrica e com massa bem maior que a de seus constituintes básicos (prótons e elétrons, ou "átomos primordiais", nas palavras de Thomson).

Sem saber o quanto estava próximo da verdade, Thomson abandonou essa ideia e passou a defender o que hoje aprendemos na escola como "modelo do pudim de passas": um corpo sólido com carga positiva salpicado em seu interior de pequenos elétrons de carga negativa (as "passas").

Retrato falado de um átomo

Não podemos ver um átomo, mesmo com os mais modernos aparelhos. Mas podemos sim descrevê-lo. O primeiro modelo físico do átomo, que levava em conta o fato de que era composto por pedaços menores do que si, ou seja, de que um átomo não era um *a-tomo*, foi feito por J.J. Thomson.

Mas no modelo de Thomson, os elétrons ficavam confinados no interior de um átomo maciço, o que tornava bastante difícil explicar como eles se libertavam para, entre outras coisas, transportar a eletricidade. Afinal de contas, o átomo não deveria ser algo frágil e fácil de ser quebrado, pois é ele que compõe tudo o que existe...

Um novo modelo atômico foi apresentado em 1910 por Ernest Rutherford, motivado por incríveis resultados experimentais. Rutherford e seus auxiliares bombardearam uma fina lâmina metálica com partículas alfa (idênticas a um átomo de hélio, só que sem os elétrons). Essa lâmina era preparada para evidenciar o choque entre as partículas, emitindo uma tênue luminescência.

Para surpresa dos cientistas, grande parte das partículas alfa (as "balas de canhão") passava pela lâmina (a "parede") como se nada houvesse ali. Em compensação, cerca de uma bala em cada grupo de oito mil encontravam na parede um obstáculo tão sólido e irremovível que tinham seu trajeto alterado em quase 180 graus (ou seja, batiam na lâmina e voltavam)!

Após inúmeras experiências com diferentes materiais, Rutherford concluiu que os átomos componentes da lâmina-alvo eram essencialmente vazios. Possuíam um núcleo central sólido, extremamente denso e resistente, composto pelas partículas de carga positiva (os prótons); ao redor deste núcleo, orbitavam como em um minissistema solar os elétrons, partículas muito mais leves e com carga elétrica negativa. Entre elétrons e o núcleo, havia nada.

Rutherford postulou ainda a existência de partículas sem carga elétrica, que chamou de nêutrons, que poderiam existir no núcleo atômico juntamente com os prótons. Os nêutrons só foram de fato descobertos em 1932, por James Chadwick.

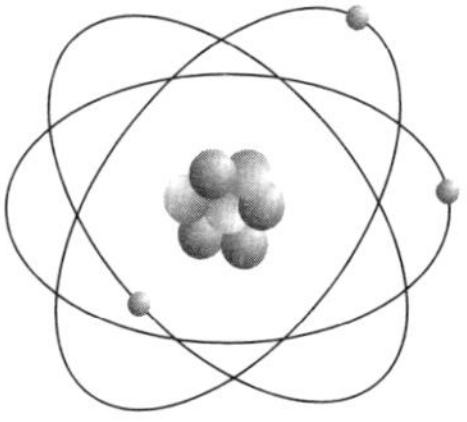

Representação clássica do átomo de Rutherford (depois incorporada por Bohr): um núcleo extremamente denso orbitado por elétrons.

O modelo atômico de Rutherford tornou-se o paradigma do que seja um átomo e é hoje considerado um signo forte e independentemente reconhecido por grande parte da população mundial.

Mas está muito longe de descrever a realidade.

Um modelo irreal

Antes de chegarmos ao atual modelo atômico, convém entender o que há de errado com o modelo de Rutherford...

Se compararmos o átomo de Rutherford a um Sistema Solar, a força eletromagnética entre elétrons e o núcleo faz as vezes da gravidade. A intensidade da força eletromagnética, porém, é muito maior do que a intensidade da força da gravidade. Para um elétron manter sua órbita ao redor de um núcleo complexo (composto por vários prótons, por exemplo), sua velocidade orbital deveria ser superior à velocidade da luz. E isso, sabemos, é impossível!

Há um outro problema, mais complexo em sua natureza e, paradoxalmente, mais fácil de ser contornado. Elétrons, como qualquer outra partícula que possua carga elétrica, irradiam energia ao sofrer qualquer tipo de aceleração. Um elétron em órbita do núcleo está sendo constantemente acelerado e, portanto, deveria irradiar energia permanentemente...

Ora, a quantidade de energia de um elétron é limitada. Se ele estiver constantemente irradiando energia, acabará sem nenhuma! E um elétron sem energia simplesmente não deveria realizar movimento algum.

O modelo atômico de Rutherford simplesmente não é estável.

Átomos de energia

A estabilidade do modelo de Rutherford pode ser recuperada se considerarmos que as emissões eletromagnéticas são quantizadas. Isso quer dizer que, assim como a matéria é composta por unidades indivisíveis, também a energia é feita de *a-tomos*.

Essa ideia surgiu pela primeira vez no trabalho do físico alemão Max Planck, de 1900, para explicar resultados obtidos experimentalmente com um corpo negro.

Corpo negro é um nome genérico que os físicos usam para descrever um objeto que absorve toda a radiação que sobre ele incida. Tal objeto, uma idealização teórica, pode ser simulado em laboratório por meio de um corpo oco dotado de um orifício. A radiação entra pelo pequeno buraco e fica aprisionada no interior. Por isso mesmo, a radiação de corpo negro também é chamada de radiação de cavidade.

Assim como absorve todos os comprimentos de onda, um corpo negro, quando saturado de energia, passa a emitir todos os comprimentos de onda. Experimentos feitos no final do século XIX mostravam que a emissão de um corpo negro não correspondia ao que era previsto pela teoria.

Planck só conseguiu explicar teoricamente as emissões medidas para um corpo negro ao postular que a energia não era uma grandeza contínua, infinitamente divisível, mas sim uma grandeza discreta, um conjunto de blocos mínimos que compunham um todo.

Assim como os átomos materiais da teoria cinética dos gases, os átomos energéticos de Planck foram vistos, inicialmente, como um mero artifício teórico que ajudava a calcular resultados de laboratório. Mas já em 1905, Einstein usou essa ideia de Planck para finalmente explicar os estranhos resultados obtidos em experiências com o efeito fotoelétrico.

O efeito fotoelétrico

Ao mostrar que era possível produzir, a partir de correntes elétricas variáveis, ondas eletromagnéticas que viajavam pelo espaço sem o auxílio de nenhum meio material, Heinrich Hertz corroborou a teoria de Maxwell acerca da natureza da radiação.

Mas o experimento de Hertz caminhava nos dois sentidos, mostrando também que ondas eletromagnéticas, ao atingir certos materiais, produziam correntes elétricas variáveis. Este fenômeno é, em suma, o efeito fotoelétrico.

Com a descoberta do elétron, ficou fácil entender o que estava se passando em nível microscópico. Uma onda eletromagnética atingia um determinado átomo, conferindo energia aos elétrons, que se desprendiam e passavam a se movimentar em uma certa direção, formando uma corrente elétrica.

A quantidade de elétrons que percorria o material (isto é, a intensidade da corrente) era proporcional à intensidade da radiação incidente. Mas, para a surpresa de todos, uma mudança na cor da radiação (ou seja, no comprimento da onda incidente e, portanto, na quantidade de energia que ela fornecia) não causava resposta semelhante.

Isso só veio a ser explicado por Einstein, em 1905, usando a hipótese da quantização de energia. A radiação é feita de *a-tomos*. Ao incidir em um material sensível, estes *a-tomos* de energia são absorvidos pelos elétrons; esses elétrons ganham, cada um, um único pacote de energia, suficiente para que se libertem do átomo e saiam em disparada.

Uma luz mais intensa significa mais pacotes de energia e, portanto, mais elétrons saindo em disparada. Um elétron se satisfaz com um e apenas um pacote de energia e, portanto, não pode ser "ganancioso" e absorver dois ou três pacotes... Ou seja, conforme o observado, um aumento na intensidade da luz incidente, aumentava o número de elétrons libertados.

Uma mudança na cor incidente (ou seja, no comprimento de onda da radiação) altera não a quantidade de pacotes, mas sim o conteúdo de cada pacote. Ou seja, o número de pacotes permanece o mesmo e, portanto, o número de elétrons "presenteados" também.

Para essa explicação fazer sentido, é necessário que pensemos na energia como sendo formada por unidades mínimas, os "pacotes" ou *quanta* de luz. A energia é quantizada. Posteriormente, estes átomos de energia foram batizados de fótons.

A natureza é dual

Thomas Young, no começo do século XIX, provou sem sombra de dúvida que a luz era um fenômeno ondulatório. Planck e Einstein, na virada do século XIX para o século XX, mostraram, também sem sombra de dúvidas, que a luz era composta por partículas.

Afinal de contas, a luz é feita de ondas ou partículas?

A resposta é clara. A luz é feita de ondas. E a luz é feita de partículas. A natureza da luz é dual. Se quisermos provar que a luz é uma onda, basta repetirmos a experiência de dupla fenda feita por Young. Se quisermos demonstrar que a luz é, na verdade, um feixe de partículas, basta estudarmos um material fotoelétrico.

A verdadeira natureza da luz depende de como a investigamos. Essa é uma das primeiras estranhezas reais que nos traz a mecânica quântica: o observador interfere com o observado.

E como já sabemos que energia e massa são intercambiáveis, nada mais natural que pensarmos que também a matéria é dual. Ou seja, tudo à nossa volta, em um nível microscópico, pode ser entendido como sendo feito de partículas ou de ondas.

O príncipe francês Louis de Broglie calculou o que hoje chamamos de "comprimento de onda de De Broglie" em 1924. Para cada partícula material, microscópica ou não, há um comprimento de onda associado. Esse comprimento de onda é extremamente pequeno e, quando falamos de corpos macroscópicos, ele pode ser desprezado. Mas as partículas elementares são pequenas o suficiente para se confundirem com seus próprios comprimentos de onda e, portanto, têm uma natureza tão dual quanto o raio de luz.

Em 1927, George Thomson, filho de J.J. Thomson, conseguiu realizar uma experiência de dupla fenda (típica de Thomas Young) usando feixes de elétrons, em vez de feixes de luz. Trinta anos após seu pai provar que o elétron era uma partícula, George Thomson provou que o elétron era uma onda!

Retrato falado de um átomo — Parte II

De volta ao modelo de um átomo, vimos que as constantes irradiações de um elétron permanentemente acelerado ao redor de um núcleo atômico dariam origem a um átomo instável. Esse era o modelo de Rutherford.

Como já falamos antes, a estabilidade do modelo de Rutherford pode ser recuperada se considerarmos que as emissões eletromagnéticas são quantizadas. Quem fez isso foi o físico dinamarquês Niels Bohr. O átomo de Bohr, uma junção do modelo de Rutherford e da quantização da energia, é o que grande parte da população pensa ao ouvir falar em "átomo".

Bohr construiu seu modelo a partir de quatro postulados. Em primeiro lugar, ele admite que um elétron, em um átomo, se move em uma órbita circular em torno do núcleo sob a influência da atração eletromagnética entre o elétron e o núcleo, obedecendo às leis da física clássica. Isso Rutherford já dizia...

Com o segundo postulado, Bohr tenta salvar os fenômenos, no melhor estilo platônico! Ele afirma que em vez da infinidade de órbitas que seriam possíveis de acordo com a física clássica, um elétron só pode se mover em algumas órbitas predeterminadas, nas quais a quantidade de movimento ao redor do núcleo (o momento angular orbital) é um múltiplo inteiro de uma certa constante (não por acaso, chamada de "constante de Planck").

Ora, Bohr parece não saber o que quer! Se no primeiro postulado ele afirma que um elétron em órbita obedece às leis da física clássica, logo em seguida ele se contradiz e introduz a estranheza quântica para tornar seu modelo de átomo estável! Mas independentemente da lógica por trás disso, o modelo de Bohr parecia funcionar muito bem...

O terceiro postulado afirma que um elétron em órbita, mesmo estando em constante aceleração, simplesmente não emite radiação eletromagnética! E, por fim, o quarto postulado apresenta as regras de como fazer um elétron mudar de órbita: sempre lhe concedendo (ou retirando) uma quantidade de energia que seja um múltiplo inteiro da constante de Planck. E, ainda, esse último postulado tem a audácia de afirmar que a mudança de órbita é descontínua! Ou seja, se um elétron vai "subir" para uma órbita mais afastada, ele não sobe aos poucos, deixando sua órbita original rumo à órbita final. Ele simplesmente desaparece de sua órbita original e aparece na nova órbita!

Bohr tinha total consciência da estranheza que estava introduzindo ao modelo atômico e em alusão à mecânica quântica deixou uma frase bastante profética: "Qualquer um que não se choque com a mecânica quântica é porque não a entendeu."

Mas por mais confortável que seja adotarmos o modelo de Bohr, uma simples análise de seus postulados, que se contradizem e misturam conceitos clássicos com conceitos quânticos, nos compele a procurar algo diferente que explique o átomo...

Probabilidades

Chegamos enfim ao que se costuma chamar de "segunda quantização" ou "segunda revolução quântica": os trabalhos de Erwin Schrödinger e Werner Heisenberg.

A "primeira quantização" começou com Planck. Passou por Einstein, que a consolidou em relação à energia, e por Bohr, que fez o mesmo em relação à matéria. Tudo parecia perfeito, pois matéria e energia, já se sabia, eram lados de uma mesma moeda. As ideias de De Broglie ratificavam a complementaridade...

O trabalho de De Broglie inspirou Schrödinger a tratar as partículas microscópicas como "ondas de probabilidade". Na visão de Schrödinger, um elétron jamais deveria ser tratado como uma partícula puntiforme, que respeita as leis de movimento enumeradas por Newton. Um elétron, e qualquer outra partícula microscópica, deveria ser entendido como uma "função de onda", cuja amplitude revelaria a probabilidade da partícula estar realmente naquela posição!

Complicado? Nem tanto... Um elétron (ou qualquer outra partícula) não deve ser visto como uma "bolinha". Ele deve ser entendido como uma onda que se estende por todo o Universo. A crista da onda representa o lugar, no Universo, onde o elétron tem a maior probabilidade de ser "observado" (medido). Assim, se montarmos cuidadosamente um experimento que divida a função de onda de um elétron em duas cristas iguais, teremos um elétron que tem probabilidade de 50% de estar em dois lugares distintos!

Schrödinger defendia que a medição ("observação") de uma partícula acabava interferindo em seu comportamento real, pois o ato da "observação" fazia com que a função de onda mudasse de formato, como que "escolhendo" um lugar para o elétron ser "observado". Ele ilustrava a estranheza deste fato muito bem através de seu célebre exemplo, o gato de Schrödinger.

Imaginemos um gato dentro de uma caixa fechada. Nessa caixa, há um frasco com um poderoso veneno. E esse frasco está ao alcance de um martelo, conectado a um determinado circuito. Este circuito será acionado se detectar a passagem de um elétron. Se a função de onda desse elétron em particular for bipartida (ou seja, apresentar duas cristas idênticas), há uma probabilidade de 50% de o circuito ser acionado, o martelo quebrar o frasco, o veneno ser liberado e o gato morrer. Mas há uma probabilidade de 50% de o gato estar vivo! Ou seja, o gato se encontra em uma curiosa situação que chamamos de "superposição de estados". O gato está vivo-morto (ou morto-vivo).

Ao abrirmos a caixa (fazendo a medição), veremos de fato o que aconteceu ao gato. Mas, antes disso, não podemos afirmar se o gato está vivo ou se o gato está morto!

Esse tratamento certamente explica a misteriosa "transição descontínua" de órbitas eletrônicas, exigida pelo quarto postulado de Bohr... E foi este tratamento probabilístico que fez Einstein romper com a mecânica quântica e proferir sua célebre frase: "Deus não joga dados com o Universo."

Incerteza

Mais estranho que o trabalho de Schrödinger são as ideias de Heisenberg. Enquanto Schrödinger inventava gatos mortos-vivos e passava a tratar as partículas como nuvens de probabilidade, Heisenberg enunciou seu famoso princípio de incerteza.

Arthur Eddington, o astrônomo que liderou uma das equipes que observou o eclipse de 1919 e comprovou a relatividade geral, resumia muito bem o princípio da incerteza: "Uma coisa desconhecida está fazendo algo que não sabemos."

Simplificando (muito!) o que Heisenberg formulou, podemos afirmar que há certas quantidades físicas que estão intrinsecamente ligadas entre si, em duplas, e que cada uma destas duplas só pode ser medida ("observada") até certo ponto, nunca com absoluta certeza.

A posição de uma partícula e sua velocidade (na verdade, sua quantidade de movimento) formam uma dupla conectada pelo princípio de incerteza de Heisenberg. Se quisermos medir ambas as grandezas físicas, deveremos nos contentar com uma "estimativa", ou seja, com uma probabilidade estatística, tanto da posição quanto da velocidade. Se, em vez disso, quisermos medir com precisão absoluta a posição de uma partícula, nada poderemos saber de sua velocidade. Se obtivermos a velocidade exata, perderemos qualquer informação sobre sua posição.

O princípio de incerteza de Heisenberg deixa claro que, no mundo quântico, tudo deve ser tratado por meio de probabilidades, como também afirma a mecânica ondulatória de Schrödinger. Trabalhando de forma independente, tanto Schrödinger quanto Heisenberg demonstraram que, diferentemente do que Einstein teria preferido, o Universo, em um nível microscópico, não é determinista.

Retrato falado de um átomo — Parte final

Estamos prontos, enfim, para descrever um átomo...

O núcleo é algo relativamente fácil de entendermos: um amontoado de partículas subatômicas (prótons e nêutrons) cuja função de onda tem uma crista intensa na região que poderia ser descrita como o "centro" do átomo.

Isso quer dizer que a probabilidade de encontrarmos ali naquela região o que classicamente entendemos como "núcleo atômico" é tão grande em relação a probabilidade de encontrarmos o mesmo amontoado de partículas em qualquer outra posição no Universo, que podemos, sem medo de errar, dizer que realmente há algo material no núcleo atômico.

Os elétrons, por outro lado, estão em constante movimento. E, para núcleos complexos (com muitos prótons) a força de atração eletromagnética é tão intensa que a velocidade orbital de cada elétron deveria ser maior que a velocidade da luz. Isso simplesmente não pode acontecer!

Mas acabamos de ver que os elétrons não são "bolinhas" que se movimentam ao redor do núcleo atômico. Os elétrons são nuvens de probabilidade complexas, com diferentes picos de tamanhos variados, muitos dos quais com a mesma amplitude. Assim, o "movimento" que o elétron faz ao redor do núcleo é um intrincado balé quântico de troca de posições, sempre ocupando os lugares onde sua função de onda é maior.

Não há elétrons orbitando o núcleo. Há uma complexa nuvem eletrônica regida por regras de probabilidade que levam em conta a mecânica ondulatória de Schrödinger e o princípio de incerteza de Heisenberg!

Essa é a melhor descrição de um átomo. E, mais uma vez, citando Bohr: "Quando o assunto é o átomo, a linguagem só pode ser usada como na poesia. O poeta, também, não está muito preocupado em descrever os fatos, mas sim em criar imagens."

A mecânica quântica — Um resumo

O termo "quântico" tem aparecido com frequência em diferentes contextos. A maior parte deles o usa de forma solta, impactante, mas longe de sua realidade física. Se respeitarmos seu real significado, o que queremos dizer quando dizemos que algo é "quântico"?

De acordo com as ideias da primeira quantização, algo é quântico quando existe em quantidades discretas. Os *a-tomos*, como pensados originalmente pelos filósofos gregos, nos diziam que o mundo era quântico. Os números inteiros (não fracionários) são quânticos. As pessoas são quânticas (não existe meia pessoa). Pães franceses, ao serem comprados, são quânticos (nunca vi uma padaria vender meio pão francês).

A matéria e a energia são quânticas.

Indo mais além, revisitando a segunda quantização, algo é quântico quando o simples fato de se realizar uma observação altera o objeto observado. Citando o grande Luis Fernando Verissimo: "Diz a mecânica quântica que as partículas se comportam de um jeito quando são observadas e de outro quando estão sós (como aliás, todos nós). E quem nos assegura que o Universo que está aí não é como aí está quando ninguém está olhando? E que quando os astrônomos se viram do telescópio para a prancheta o Universo não faz uma careta?"

De acordo com a segunda quantização, uma turma escolar definitivamente é quântica (crianças ou adolescentes, não importa, se comportam de forma diferente se sabem que estão sendo observadas). As pessoas são quânticas. E os relacionamentos. E a sociedade como um todo (talvez isto explique o sucesso que certos *reality shows* fazem na TV).

Neste sentido, também, a matéria e a energia são quânticas.

E a gravidade? É quântica?

6 A GRAVIDADE DE MUITO, MUITO PERTO

> Na física newtoniana, o problema de três corpos é difícil, mas o problema de dois corpos pode ser resolvido de forma exata; na relatividade geral, dois corpos são complicados, mas um corpo pode ser resolvido de forma exata; na gravitação quântica o vazio é intratável!
>
> FRANK WILCZEK

O inverso do quadrado da distância

Isaac Newton nos deu, em 1687, a receita para a gravidade em relação à distância entre as massas. O dobro da distância acarreta em um quarto da força; o triplo, em um nono. Isso quer dizer que a gravidade é uma força proporcional ao inverso do quadrado da distância.

Mas já sabemos que a gravidade, de fato, não é uma força. A gravidade é uma deformação espaçotemporal; uma alteração na geometria local que entorta as geodésicas. Ainda assim, esses efeitos decrescem com a distância. E decrescem exatamente com a mesma taxa prescrita por Newton! Ou seja, a relatividade geral *também* nos diz que a gravidade é inversamente proporcional ao quadrado da distância...

Eis aqui os pés de barro de um ídolo tão belo! Se a gravidade é inversamente proporcional ao quadrado da distância, isso quer dizer que se diminuirmos a distância entre os corpos, os efeitos sentidos aumentarão. Quanto menor a separação entre os objetos, maior a interação gravitacional.

O que aconteceria, então, se a distância entre dois objetos fosse a menor possível, ou seja, zero? Ora, nesse caso, devemos dividir o produto das massas e da constante gravitacional por zero. A divisão por zero é uma abstração matemática (ou, como dizia meu professor do ensino médio: "O décimo primeiro mandamento é: 'Não dividirás por zero'"). Um número, qualquer número, dividido por zero resulta em infinito. Ou seja, segundo nossa prescrição original, a "força" da gravidade deveria ser infinita!

O tamanho do infinito

A maioria esmagadora da população imagina o infinito como algo muito, muito grande. Pois isso é errado! Então, o infinito seria muito maior que isso... Errado também! O infinito simplesmente não tem tamanho!

O infinito é um conceito abstrato. E, como qualquer abstração, é bastante difícil explicá-lo. Às vezes não percebemos isso, pois o termo "infinito", bem como seu conceito, geralmente aparece em dois contextos: o coloquial, onde é usualmente um termo hiperbólico, significando algo realmente muito grande, e o matemático. Em nenhum dos dois contextos, o infinito nos parece abstrato. Mas é.

Definir algo abstrato é sempre complicado. Há vários livros que se aventuram por esta seara. Particularmente recomendo *Uma breve história do infinito*, de Richard Morris, e *Infinity and the Mind*, de Rudy Rucker.

Vamos apenas tangenciar essa polêmica, insistindo em um ponto: o infinito é um conceito abstrato, bem diferente de algo simplesmente muito, muito grande. Se a força da gravidade se tornasse muito, muito grande, a física não teria o menor problema em lidar com ela. Mas em sua forma matemática, a gravidade cresce à medida que a separação entre os corpos diminui. E quando a separação é inexistente, repito, a gravidade torna-se infinita.

A matemática se sente bastante confortável em lidar com conceitos abstratos, e com o infinito em particular. A física não. A física se propõe a descrever a realidade e, portanto, se frustra ao se deparar com grandezas infinitas. Descrever algo real através de conceitos abstratos acaba por ser uma "não descrição".

Uma "não descrição" de algo não nos satisfaz de maneira nenhuma! Precisamos, de algum modo, nos livrar dos infinitos. Isso é alcançado com um certo sucesso através de um método chamado "renormalização".

Normalização

Acho curioso notar que sempre quando falo em renormalização ninguém me pergunta sobre a normalização. A mim pareceria tão natural esse tipo de questionamento! Uma renormalização deveria ser uma normalização acontecendo novamente (ou algo nesta linha de raciocínio...) e, portanto, eu ficaria muitíssimo curioso em saber o que é uma normalização, para começo de conversa!

Para entendermos o que é a normalização, devemos voltar a alguns resultados da mecânica quântica. Sem problemas! A esta altura, já estamos bastante confortáveis com termos como "função de onda" e "princípio da incerteza"...

Vimos que segundo De Broglie, Schrödinger, Heisenberg e tantos outros, devemos pensar nas partículas microscópicas como ondas. Ou, mais tecnicamente, como "funções de ondas". Essas funções de onda representam a probabilidade de encontrarmos tal partícula em uma certa região do espaço. Essa interpretação probabilística é conhecida modernamente como "interpretação de Copenhague" — e, como já dissemos, foi duramente combatida por Einstein.

No fundo, no fundo, uma função de onda qualquer é uma fórmula matemática que relaciona uma posição espaçotemporal (um lugar e um instante) a um valor (que representa a probabilidade daquela partícula em especial estar no lugar e no instante em questão). Simplificando muito, a função de onda é uma "tecla", que uma vez apertada transforma um ponto espaçotemporal em uma probabilidade. Simples assim.

Normalmente a função de onda de uma partícula é muito concentrada em uma certa região — justamente a de maior probabilidade de encontrarmos a tal partícula. Independentemente disso, é fato que a função de onda — qualquer uma! — espalha-se indefinidamente por todos os cantos do Universo. Seus valores podem ser insignificantes, quase nulos, em regiões vastas, mas ela existe em todo lugar.

Se somarmos todos os valores da função de onda, infinitesimalmente, ao longo de todas as posições possíveis, deveremos obter um único resultado, para todo e qualquer caso: um (ou 100%).

Mas por mais estranha que seja a função de onda de uma partícula qualquer, a soma infinitesimal de todos os seus valores ponto a ponto (o que em cálculo chamamos de "integral") terá valor unitário. Isso é uma propriedade matemática chamada de normalização, e reflete o fato de que, dada uma partícula qualquer, a probabilidade de ela estar em algum lugar do Universo é de 100%. Simples assim.

Resumindo: a normalização é uma propriedade que certas funções têm (no nosso caso, as funções de onda de partículas microscópicas) de produzirem, ao longo de todas as posições possíveis, somas infinitesimais unitárias. Ou, reiterando o final do último parágrafo, a normalização reflete o fato de que uma partícula tem 100% de probabilidade de estar em algum lugar do Universo.

Simples assim.

Desnormalizando o normalizado

Parece, então, óbvio que toda e qualquer função de onda seja normalizável, pois se tal função representa uma partícula, e qualquer partícula sempre terá 100% de probabilidade de estar em algum lugar do Universo, a soma infinitesimal sempre terá valor unitário.

Infelizmente isso não é tão... simples assim.

A natureza é muito mais complicada do que nossas equações (pequenas ou grandes) podem descrever. Quanto mais nos aproximamos da realidade, mais complicado fica descrevê-la de forma matemática. Para isso, é muito comum usarmos o método das perturbações.

O nome é autoexplicativo. Conhecemos bem o caso ideal: por exemplo, a atração gravitacional entre dois corpos, considerados isoladamente. Mas onde, no Universo real, acharemos dois corpos, e nada além desse dois corpos? Em lugar nenhum! Sempre haverá outros corpos (pequenos ou grandes, próximos ou distantes) perturbando nosso sistema binário inicial.

O truque é supor que os demais corpos têm influência muito menor no sistema do que os dois corpos originais. Assim, podemos resolver um problema de perturbação. Resolve-se o problema idealizado, original, e, depois, adicionam-se as perturbações. Quanto mais e maiores forem as perturbações inseridas, mais e mais as respostas obtidas se afastarão do resultado original.

Normalmente, as perturbações são representadas por um parâmetro qualquer (usualmente representada pela letra grega lambda, λ). Vamos imaginar que a energia de um sistema ideal seja representada pela variável H_0. Tal sistema, descrito através de uma perturbação de primeira ordem, teria a seguinte energia: $H_1=H_0+\lambda h$. Aqui, o parâmetro λ é um número pequeno (menor que 1) que, multiplicado pela energia h, nos dá um valor a ser somado à energia inicial, H_0. A energia do sistema é agora H_1, um valor diferente da energia do sistema não perturbado.

Uma perturbação de segunda ordem seria escrita como $H_2=H_0+\lambda h_1+\lambda^2 h_2$. Percebam que o segundo termo somado aparece um λ elevado ao quadrado, ou seja, é um número menor que o λ original (não custa lembrar ao leitor que um número menor que um, quando multiplicado por ele mesmo, resulta em um número menor ainda). Assim, a perturbação de segunda ordem é, como deveria ser, menor que a perturbação de primeira ordem. Quanto maior o número de perturbações, mais complicada fica a descrição do sistema, mas, esperamos, mais próxima da realidade ela estará.

E qual é o problema disso tudo?

O problema é que a função de onda original de uma partícula tinha soma infinitesimal unitária. Ela era normalizada. Mas se inserirmos perturbações, teremos que "desnormalizar" a função original e renormalizar a função perturbada! Ora, se a função de onda perturbada é a que realmente descreve a partícula, é ela (e não a função de onda idealizada) que deve ser normalizada. Assim, teremos que fazer uma nova normalização. Teremos que fazer a renormalização!

Em resumo: toda vez que complicarmos algo que já estava funcionando a contento (ou seja, já tínhamos uma função de onda normalizada) deveremos renormalizar a nova função, para que ela novamente passe a descrever a realidade.

A eletrodinâmica quântica

O trava-língua que dá nome a esta seção é resumido por sua sigla em inglês: QED. Chamada por muitos de "a joia da física", a QED é, na essência, uma teoria de perturbação. Seu principal objetivo é tratar a interação de partículas eletricamente carregadas (sendo as mais simples de todas o elétron e o pósitron). O pósitron, vale uma digressão, é a antipartícula do elétron, ou apenas antielétron. Antipartículas compõem o que chamamos, no coletivo, de antimatéria. Ela foi prevista teoricamente por Paul Dirac, em 1930, e encontrada em laboratório por Carl Anderson dois anos depois.

Resumidamente, todas as partículas fundamentais que conhecemos têm "parceiras" de antimatéria. E o que é exatamente uma antipartícula? Uma irmã gêmea da partícula, com carga elétrica oposta. Assim, quando vemos uma partícula com as mesmas propriedades do próton, porém com carga negativa, sabemos que se trata de um antipróton. A antipartícula mais famosa é o antielétron e, talvez por isso, ela tenha recebido um nome próprio: pósitron.

É curioso notar que se todas as antipartículas possuíssem nomes próprios, provavelmente não daríamos tanta atenção a elas... Ou o leitor alguma vez se preocupou com o píon? Ou o múon? Mas basta falar *anti-qualquer-coisa* que a curiosidade aumenta e ficamos intrigados. Mas voltemos à eletrodinâmica...

Pois, como esse nome já diz, estamos falando de algo que trata da dinâmica de partículas eletricamente carregadas. Dinâmica, não custa lembrar, é aquela parte da mecânica clássica que lida com os movimentos não inerciais (na presença de forças e acelerações). Ou seja, a eletrodinâmica trata não só do movimento das partículas com carga elétrica, mas também de suas interações (as forças que umas exercem sobre as outras).

No século XIX, a eletrodinâmica tratava as interações entre as partículas por meio do conceito de campo criado por Faraday. Mas com a chegada do século XX veio a quantização do campo eletromagnético e o conceito de fóton (um pacote de energia). Com isso, os campos mudaram de aspecto. Tornaram-se eles próprios entidades quânticas, compostas pelo que se convencionou chamar de "fótons virtuais".

Os fótons reais compõem a radiação eletromagnética (todos os comprimentos de onda do espectro, dos raios gama às micro-ondas); os fótons virtuais (que, apesar do nome, existem também e, portanto, são reais!) compõem os campos eletromagnéticos, sentidos apenas por partículas que possuam carga elétrica.

Com os campos eletromagnéticos, responsáveis pela interação entre as partículas eletricamente carregadas, sendo descritos de forma quântica, através de fótons virtuais, a eletrodinâmica clássica teve que evoluir, tornando-se a eletrodinâmica quântica em meados da década de 1920. Assim surgiu a QED.

Como qualquer outra teoria, a QED não nasceu pronta. Na verdade, ela veio ao mundo com um grave defeito: era, aparentemente, não normalizada. Fortemente vinculada ao princípio da incerteza de Heisenberg, a QED descreve a interação de partículas eletricamente carregadas por meio de uma série infinita de perturbações, que faz uma soma ponderada de todas as possíveis posições e quantidades de movimento envolvidas no processo. A soma infinitesimal de todas essas parcelas não só não tem valor unitário como tem valor divergente. Ela vai ao infinito. Ou, usando um termo consagrado entre os físicos, a teoria estoura.

É comum ouvirmos jogadores dizerem que vão se dedicar 110% a um novo time. O torcedor gosta de ouvir, mas sem dúvida os matemáticos torcem o nariz para isso. O máximo que algo pode ser é 100%. Mais de 100% já não é o "algo" original. Ele cresceu! Há coisas que realmente crescem... mas o máximo que uma probabilidade pode atingir é 100%. E a probabilidade de uma partícula estar em qualquer parte do Universo não pode ser maior que isso!

Richard Feynman, Julian Swinger e Sin-Itiro Tomonaga, na década de 1940, desenvolveram de forma independente alguns mecanismos matemáticos que eliminaram as quantidades infinitas que surgiam na QED original. Eles ganharam o prêmio Nobel de 1965 e, ao ser perguntado sobre o motivo de sua premiação, Feynman costumava dizer: "[Ganhei] por ter varrido alguns infinitos para debaixo do tapete."

A QED é renormalizável e, por isso mesmo, é considerada uma excelente teoria para descrever a interação entre partículas eletricamente carregadas.

Gravidade não renormalizável

A renormalização, vista com imparcialidade, pode ser classificada como "matemágica". Ora, uma teoria dá resultado infinito e de repente, por algum procedimento matemático que pode ou não ter ficado claro para todos, os infinitos simplesmente desaparecem! Muito conveniente...

Na verdade, a maior parte das descrições físicas da realidade não é normalizável. Se algo dá infinito, é infinito e pronto! Por isso mesmo a renormalização é uma ferramenta tão poderosa, pois sua aplicação é rara. Mas quis o destino que as teorias que lidam com as forças fundamentais do Universo fossem renormalizáveis. Ou pelo menos, a maior parte delas...

O eletromagnetismo, travestido de QED em tempos modernos, é renormalizável. E ambas as interações nucleares (chamadas de "força fraca" e "força forte") também são descritas por teorias renormalizáveis. A única força fundamental na natureza que, aparentemente, é descrita por uma teoria não renormalizável é justamente a força da gravidade, descrita pela relatividade geral!

Não é à toa que batizamos a segunda parte deste livro de "A gravidade dos fatos". Realmente é muito grave o fato de termos uma teoria não renormalizável a descrever a interação gravitacional...

Fosse a relatividade geral renormalizável, bastaria seguirmos os passos de nossos antecessores que renormalizaram a QED. Chegaríamos à conclusão de que a interação gravitacional pode ser entendida como uma troca de partículas virtuais (até nome essas partículas já têm: grávitons!). E ainda poderíamos inferir a existência de grávitons reais, que representariam algo que, por falta de termo melhor, chamaríamos de onda gravitacional (em uma analogia direta à onda eletromagnética, descrita por fótons reais). Estaríamos todos muito satisfeitos com isso...

Mas, insisto, a relatividade geral não é renormalizável. Todos os nossos planos mais simplistas caem por terra nesse cenário desolador. Não podemos simplesmente emular os pensamentos dos pioneiros da QED, pois simplesmente o que valia para eles não vale para nós!

A pergunta que não quer calar é: afinal de contas, por que a gravidade não é renormalizável?

Infinitos e infinitos

Para entendermos a diferença intrínseca entre a QED e a relatividade geral no que tange à renormalização, devemos voltar a um tema abstrato e um tanto árido: o infinito.

Ou, melhor, "um infinito". A troca do artigo definido pelo indefinido é crucial para desarmarmos o espírito para o que vem aí: há infinitos e infinitos. Todos eles são abstratos e nenhum tem tamanho mensurável, mas, incrivelmente, um infinito pode ser maior que outro!

Para falarmos disso, é interessante abordarmos alguns temas da matemática: a teoria dos conjuntos e o conceito de cardinalidade. Um conjunto matemático, relembrando nossos tempos de bancos escolares, é uma coleção de objetos. Para o que nos interessa, vamos nos concentrar nos conjuntos numéricos, ou seja, em coleções de números. Por exemplo, um conjunto pode ser descrito como {1,2,3}. Outro conjunto seria {4, 8, 15, 16, 23, 42}. E assim por diante...

A cardinalidade de um conjunto é um número que representa a quantidade de elementos contidos naquele conjunto. Em nosso primeiro exemplo, no parágrafo anterior, a cardinalidade é 3; no segundo, 6. Há, obviamente, conjuntos que contêm infinitos termos. Por exemplo: o conjunto de todos os números pares. A cardinalidade de um conjunto deste tipo é, obviamente, infinita.

A diagonal de Cantor

Georg Cantor, matemático nascido em meados do século XIX, é conhecido como o criador da teoria dos conjuntos. Em um artigo publicado em 1874 ("Sobre uma propriedade característica de todos os números algébricos reais"), Cantor chamou a atenção para a existência de diferentes tipos de infinito.

Mas foi somente em 1891 que Cantor criou sua bela demonstração conhecida como "argumento diagonal". Para Cantor, o âmago da questão era mostrar que existem conjuntos que não podem ser catalogados em uma relação "um-para-um" com os números naturais (ou seja, os inteiros e não negativos, 0, 1, 2, 3 etc.).

Antes de entrarmos de cabeça nesse conceito, vale citarmos um contraexemplo: é intuitivo achar que há mais números naturais do que números pares. Ora, se todo número par é um número natural, mas nem todo número natural é um número par, parece óbvio que existam mais números naturais do que números pares, certo?

Errado!

Para cada número natural, podemos criar um número par em uma típica relação "um-para-um". Basta tomarmos o número natural e multiplicá-lo por dois. Ou seja, cada número natural gera um único número par e, portanto, há exatamente a mesma quantidade de números pares e números naturais no Universo!

Cantor batizou a cardinalidade dos números naturais de $\aleph_0$ (Aleph-zero). Isso quer dizer que a quantidade de números naturais (1,2,3,4,5,6,...) é infinita, e esse infinito é representado por este símbolo, $\aleph_0$. Incidentalmente, esta também é a cardinalidade dos números pares...

Parece certo que Cantor fez questão de não usar as usuais letras gregas para designar a cardinalidade de um conjunto justamente para enfatizar que aquele conceito não tratava de um número. O Aleph, primeira letra do alfabeto hebraico, representa o infinito. Alguns estudiosos da história da matemática acreditam que sua ascendência judaica foi fator decisivo para tal escolha, inclusive relacionando-a a uma velha lenda judaica de que o infinito provoca a loucura daqueles que o vislumbram (de fato, Cantor frequentou, como paciente, diversas instituições para doentes mentais, morrendo em 1918, enquanto estava internado em um asilo em Halle, na Alemanha).

O fato é que para provar que havia infinitos maiores do que o representado por $\aleph_0$, Cantor sugeriu a construção de conjuntos de infinitos termos, combinações aleatórias de zeros e uns. Aqui escrevo apenas cinco destes conjuntos:

$S_1=\{0,0,0,0,0,\ldots\}$
$S_2=\{1,0,1,0,0,\ldots\}$
$S_3=\{1,1,1,0,0,\ldots\}$
$S_4=\{1,1,1,1,0,\ldots\}$
$S_5=\{0,1,0,0,0,\ldots\}$

Cada conjunto desses tem infinitos termos e sua cardinalidade é $\aleph_0$, pois cada um dos seus termos pode ser enumerado, isto é, pode ser relacionado a um número natural (primeiro termo, segundo termo, terceiro termo e por aí vai...).

Vamos agora criar um novo conjunto, Z, formado por todos os conjuntos S (combinações aleatórias de zeros e uns). Quantos elementos tem Z? Obviamente, Z tem infinitos termos. Mas, estranhamente, não podemos construir uma relação "um-para-um" dos elementos de Z com os números naturais...

Vamos repetir nossas sequências originais:
$S_1=\{\mathbf{0},0,0,0,0,\ldots\}$
$S_2=\{1,\mathbf{0},1,0,0,\ldots\}$
$S_3=\{1,1,\mathbf{1},0,0,\ldots\}$
$S_4=\{1,1,1,\mathbf{1},0,\ldots\}$
$S_5=\{0,1,0,0,\mathbf{0},\ldots\}$

E, concentrando-nos nos números em negrito, vamos construir mais um conjunto S: será o "contrário" da diagonal em negrito: $S_0=\{1,1,0,0,1,\ldots\}$. Essa sequência é construída de modo que seja diferente de todas as outras que compõem o conjunto Z. De fato, se essa sequência fosse igual à, digamos, terceira sequência, seus terceiros termos deveriam ser iguais. E, por construção, o terceiro termo dessa sequência é necessariamente diferente do terceiro termo de S_3.

Por construção, S_0 é diferente de todos os S_n que compõem o conjunto Z. Mas S_0 é ela própria uma sequência de infinitos zeros e uns e, portanto, deveria pertencer ao conjunto Z. Chegamos a um paradoxo: S_0 pertence ao conjunto Z, pois Z é o conjunto de todas as sequências de zeros e uns possíveis e S_0 é uma sequência de zeros e uns. Mas S_0, por construção, não é igual a nenhuma sequência pertencente a Z e, portanto, ela não pode pertencer a Z.

Z contém S_0 ao mesmo tempo que Z não contém S_0. Solução: Z não pode ser colocado em uma relação "um-para-um" com os números naturais; seus elementos não são enumeráveis. A cardinalidade de Z é diferente da cardinalidade dos números naturais.

Usando argumentos mais sofisticados que fogem dos nossos objetivos, Cantor definiu a "cardinalidade do contínuo", que se aplica ao conjunto Z descrito acima e também aos números reais. A cardinalidade do contínuo é usualmente descrita pela letra "c".

A "hipótese do contínuo" nos diz que não existe cardinalidade intermediária entre a dos naturais e a dos reais e, portanto, "c" poderia ser escrito como $\aleph_1$. Esta hipótese nunca foi provada. Mas também nunca foi refutada...

O mais importante de tudo é o leitor diligente entender que alguns infinitos cabem debaixo do tapete. E outros não...

Autointeração

Agora que já sabemos que há vários tipos de infinito, alguns maiores que outros, fica fácil entender porque algumas teorias são renormalizáveis e outras não. Mas somente do ponto de vista matemático...

Afinal, se tanto a interação eletromagnética quanto a interação gravitacional crescem à medida que a distância entre os corpos diminui, ambas indo para o infinito quando a distância é nula, por que uma teoria é renormalizável e a outra não?

Do ponto de vista técnico, pode-se explicar isso estudando-se a quantidade de parâmetros ajustáveis em uma e outra teorias. Na QED, a quantidade de constantes a serem calibradas é finita (a massa e a carga do elétron); na relatividade geral, não. Mas essa explicação é ela mesma matemática e não satisfará o leitor ávido por entender o que realmente está acontecendo...

Quando aproximamos duas partículas eletricamente carregadas, a interação eletromagnética entre elas cresce. E cresce cada vez mais, à medida que a distância diminui. No limite da distância zero, a energia dos campos eletromagnéticos presentes vai a infinito. Mas, graças a alguns artifícios matemáticos, esse infinito pode ser varrido para debaixo daquele nosso tapete. A QED, volto a dizer, é renormalizável.

Ao fazermos a mesma experiência com duas partículas ligadas gravitacionalmente, a energia infinita que surge entre elas é muito maior que no caso anterior. Não podemos escondê-la por artifícios algébricos. Mas por que isso acontece?

A energia dos campos gravitacionais presentes cresce à medida que a distância entre os corpos diminui. Mas energia, sabemos desde 1905, é equivalente à massa ($E=mc^2$, lembram?). Ou seja, a própria energia gera campo gravitacional! Uma massa pequena, a uma distância ridiculamente curta, gera um campo gravitacional que vai para infinito. Mas esse campo gera ele próprio um campo gravitacional, pois sua energia também distorce o espaço-tempo. E, portanto, a conjugação desses dois fatores gera uma energia "muito mais infinita", segundo as descrições de Cantor.

Esse fenômeno se chama autointeração. O campo gravitacional, por ter energia, gera ele próprio um campo gravitacional. O campo eletromagnético não tem carga elétrica, então ele não gera um outro campo eletromagnético. Quanto menor a distância entre os corpos, maior a intensidade do campo gravitacional; quanto maior essa intensidade, maior a energia; quanto maior a energia, maior ainda fica o campo. O infinito gravitacional é muito maior do que o infinito eletromagnético!

Do ponto de vista físico, é a autointeração que torna a gravidade não renormalizável. Mas uma vez aceitando este resultado, resta a pergunta: o que fazer?

7 A UNIFICAÇÃO DAS FORÇAS FUNDAMENTAIS

> Se a esperança [na unificação] se mostrar justificada, quão maravilhoso, grandioso e sublime em sua característica até agora imutável é a força com a qual estou tentando lidar, e como deve ser grande o novo domínio do conhecimento que deve se abrir para a mente da humanidade.
>
> MICHAEL FARADAY

O caminho percorrido

Terminamos o capítulo anterior com um belo gancho: o que fazer a respeito da gravidade? Antes de buscarmos a resposta, é conveniente revisitarmos todos os passos que nos trouxeram à pergunta...

A gravidade, nosso objeto de estudo, é uma interação entre massas. Segundo Newton, em sua visão de "ação à distância", a força da gravidade é proporcional ao produto das massas que interagem entre si e inversamente proporcional ao quadrado da distância.

Einstein mudou essa noção de força, defendendo que a gravidade é na verdade uma curvatura espaçotemporal. Sua teoria de gravitação é a famosa relatividade geral. Mas ainda que tenha mudado bastante o conceito fundamental de gravidade, Einstein não alterou sua dependência: a curvatura espaçotemporal continua sendo proporcional às massas e inversamente proporcional ao quadrado da distância.

Quando estamos muito longe, na escala das galáxias, as prescrições matemáticas deduzidas por Newton — e corroboradas por Einstein — parecem não corresponder à realidade. Isso se resolveu, de uma maneira um tanto *ad hoc*, com a introdução, no Universo, da matéria escura.

Objetos compostos de matéria escura têm as propriedades gravitacionais usuais, mas não podem ser observados, por definição. Tais objetos permeariam as galáxias, fazendo com que as medições gravitacionais obtidas fossem facilmente explicadas pela teoria de gravitação vigente.

Há outro problema com a gravidade: seu comportamento em distâncias muito pequenas. A energia do campo gravitacional vai para o infinito quando a distância entre as massas tende a zero. Isso acontece também com os campos eletromagnéticos. Mas os infinitos eletromagnéticos mostraram-se renormalizáveis, enquanto os infinitos gravitacionais se recusam a serem escondidos embaixo do capacho da porta!

É nesse cenário que adentramos o penúltimo capítulo de nossa jornada...

A gravidade e o eletromagnetismo antes da física quântica

Na virada do século XIX para o século XX, apenas duas forças eram conhecidas pela física: a força gravitacional e a força eletromagnética.

(Não é à toa que o criador do conceito de campo, Michael Faraday, vislumbrava uma nova era no conhecimento caso a unificação entre essas duas forças fosse concretizada, como bem demonstra sua frase que abre este capítulo.)

Tanto gravidade quanto força eletromagnética agiam à distância, prescindindo do contato entre as partes envolvidas. E, curiosamente, ambas tinham fórmulas matemáticas muito parecidas!

Apesar dessas semelhanças, gravidade e eletromagnetismo sempre pareceram pertencer a categorias diferentes. A primeira age sobre todos os corpos; o outro, apenas sobre os que têm carga elétrica. Ela sempre atrai; ele pode atrair ou repelir. Além disso, a gravidade é muito mais fraca que a força eletromagnética.

Para nos assustarmos com essa distância abissal entre a intensidade destas duas forças, costumo sempre dar como exemplo o ímã

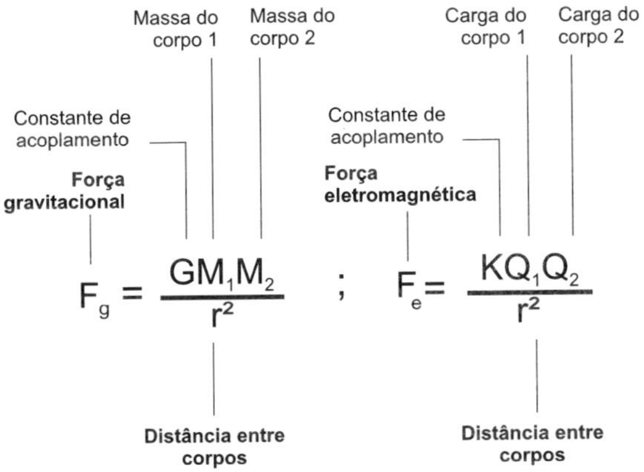

Veja como são muito parecidas as fórmulas que descrevem as forças gravitacional e eletromagnética.

de geladeira (não há quem não o conheça e quem não tenha um em casa para fazer o teste ao vivo e *in loco*).

O ímã de geladeira gruda no eletrodoméstico pois se vê atraído por uma força magnética (um tipo particular de atração eletromagnética). Se o afastarmos um pouco da geladeira, e o soltarmos no vazio, ele cai. Cai pois se vê atraído por uma força gravitacional. A força magnética é exercida no ímã pela geladeira; a força gravitacional, pelo planeta Terra. O simples fato de o ímã grudar na porta do aparelho e não cair já nos mostra que a força magnética, neste caso, é maior que a força gravitacional. Ou seja, a atração que a geladeira exerce sobre o ímã é maior que a atração que todo o planeta Terra exerce sobre este mesmo ímã!

A força magnética é descomunalmente mais intensa que a força gravitacional!

Ainda assim, é a força gravitacional que rege o Universo, pois como é sempre atrativa, seus valores pequenos se somam, se acumulam, e dominam o espaço. Já a força eletromagnética, muito mais intensa, pode ser atrativa ou repulsiva e acaba por se anular ao longo das grandes distâncias cósmicas.

Mas o século XIX havia sido virtuoso em termos de unificações. Oersted, Faraday e seus contemporâneos demonstraram que os fenômenos magnéticos e os fenômenos elétricos eram partes distintas de uma única coisa: o eletromagnetismo.

Pouco tempo depois, Maxwell unificou o eletromagnetismo à teoria da luz, ao deduzir que a luz era uma onda eletromagnética. Hertz ratificou esse ponto de vista ao mostrar que ondas eletromagnéticas poderiam gerar eletricidade (o chamado efeito fotoelétrico).

Quando Einstein revolucionou a física com sua relatividade geral, mostrando que a gravidade afetava as ondas eletromagnéticas, parecia óbvio que gravidade e eletromagnetismo estavam fadados a serem explicados por uma única lei...

Kaluza-Klein

A primeira tentativa de unificação das forças fundamentais aconteceu quando ainda eram apenas duas as forças fundamentais conhecidas: gravidade e eletromagnetismo. Foi uma valente tentativa liderada pelo matemático alemão Theodor Kaluza, em 1921, e encampada pelo físico teórico sueco Oskar Klein, cinco anos depois.

A base da teoria de Kaluza-Klein consiste em expandir as equações da relatividade geral para um espaço de cinco dimensões (quatro dimensões espaciais e uma dimensão temporal). Ainda não vamos discutir o que seria a quinta dimensão (ou a quarta dimensão espacial), mas é interessante notar que com esse passo matemático, as equações de Einstein assimilavam as equações de Maxwell. Gravidade e eletromagnetismo pareciam ser, de fato, uma coisa só!

A matemática envolvida no processo não é trivial e foge completamente ao escopo deste livro. Mas como veremos adiante, o acréscimo no número de dimensões tem sido um truque bastante utilizado por físicos e matemáticos para fazer valer suas vontades e, portanto, é conveniente nos demorarmos um pouco mais sobre a validade desta hipótese.

Um exemplo clássico, que não é de minha autoria, consiste em colocarmos cuidadosamente nossos dedos dentro da água. A super-

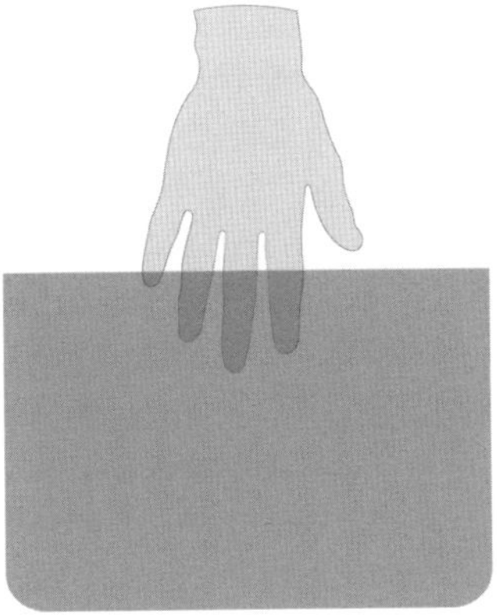

Na fronteira água/ar (bidimensional), os dedos parecem ser entidades independentes. Mas se os observarmos no sistema tridimensional, vemos que tudo faz parte de algo maior, a mão.

fície da água, a interface entre o ar e a água, é um "mundo" de duas dimensões. Na superfície só há duas possibilidades de movimento: direita-esquerda e frente-trás. Ir para cima ou para baixo obrigatoriamente nos tira da superfície.

Na superfície da água, do jeito que a figura nos mostra, os dedos parecem ser objetos independentes, sem aparente conexão. Mas se observarmos esses objetos a partir da terceira dimensão (acima da superfície) fica evidente que estão conectados e fazem parte de algo maior (a mão).

Assim, fica fácil entender que é sim possível ganharmos mais entendimento de certas coisas se as olharmos a partir de uma dimensão superior.

Outras dimensões

A teoria de Kaluza-Klein pressupunha uma quarta dimensão espacial, fato que por si só permitia a unificação das equações de Maxwell (eletromagnetismo) com as equações de Einstein (gravidade).

Mas o que é uma dimensão?

Sem nos aprofundarmos em questões filosóficas, uma dimensão pode ser entendida como uma direção. Em nosso mundo tridimensional, qualquer ponto pode ser atingido se conjugarmos movimentos em três direções perpendiculares entre si. Podemos fazer movimentos do tipo direita-esquerda. Podemos fazer movimentos do tipo para a frente-para trás. E podemos fazer movimentos do tipo para cima-para baixo. Conjugando estas três direções ortogonais, atingimos qualquer ponto do nosso espaço. Por isso mesmo, o espaço é tridimensional.

(A quarta dimensão, nesses termos simplificados, é o tempo. A direção correspondente é passado-futuro, embora não tenhamos a liberdade de escolha nesse caso particular...)

Quando Kaluza e Klein sugeriram a existência de uma quinta dimensão (ou uma quarta dimensão espacial, para sermos mais precisos), estavam abrindo uma caixa de Pandora que não foi fechada até hoje! Como imaginar uma direção que seja perpendicular às três que já citamos? Impossível!

Impossível do ponto de vista prático, mas muito simples do ponto de vista matemático. Uma visitinha a qualquer livro de geometria do ensino fundamental nos diz que a equação que descreve um círculo é dada por $R^2=x^2+y^2$, onde R é o raio do círculo e x e y são as coordenadas cartesianas usuais.

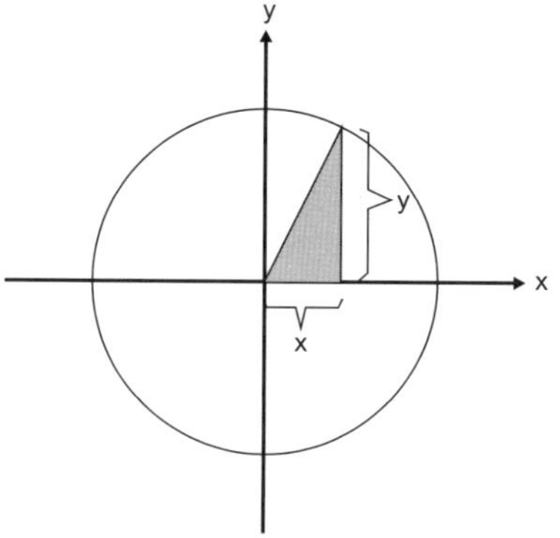

O raio do círculo sempre pode ser descrito como a raiz quadrada da soma dos quadrados das coordenadas x e y.

Um "círculo tridimensional" é um objeto bastante conhecido e se chama esfera. Sua equação é $R^2=x^2+y^2+z^2$, onde R é, agora, o raio da esfera.

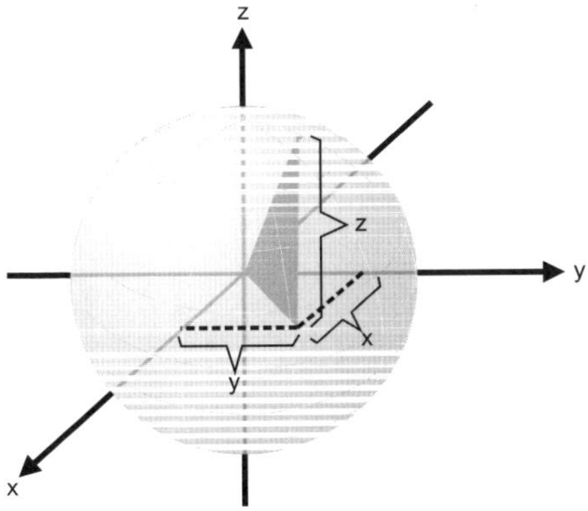

O raio da esfera sempre pode ser descrito como a raiz quadrada da soma dos quadrados das coordenadas x, y e z.

Assim, fica claro que se quiséssemos construir uma esfera quadridimensional, bastaria escrevermos $R^2=x^2+y^2+z^2+w^2$. Impossível desenharmos tal objeto, mas matematicamente foi muito fácil de descrevê-lo. E, claro, não precisaríamos parar por aí! Cada novo termo na equação acima pode representar mais uma dimensão, representando esferas penta, hexa, heptadimensionais etc.!

Kaluza e Klein sabiam escrever as equações em cinco dimensões muito facilmente, ainda que fosse impossível descrever a dimensão extra do ponto de vista prático. Para escapar dessa armadilha, voltaram suas baterias para o mundo microscópico...

Dimensões compactas

Kaluza e Klein não só inauguraram a ideia de dimensões extras para unificar forças fundamentais como também foram pioneiros na ideia de dimensões compactas. Ao defender a existência de uma quarta dimensão espacial, eram sempre afrontados com a seguinte pergunta: onde está esta dimensão?

Respondiam, talvez literalmente: bem debaixo das nossas vistas. Kaluza e Klein argumentavam que a quarta dimensão espacial era enrolada de tal forma que se tornava microscópica. Era uma dimensão compacta.

Mas isso é algo que só faz sentido em uma certa escala. Em nossa visão macroscópica, convivemos cotidianamente com três dimensões espaciais. Mas em uma escala microscópica uma quarta dimensão se faz sentir.

Como isso é possível?

Muito simples! O segredo está justamente no fator de escala. Imagine a junção entre dois azulejos em um chão de cozinha. Há uma depressão exatamente na linha do rejunte, entre os dois ladrilhos. Mas nossos pés são muito maiores do que esta linha e, ao pisarmos o chão da cozinha, simplesmente ignoramos esta terceira dimensão. Mas se fôssemos muito, muito pequenos, a "falha" que separa os dois azulejos seria um verdadeiro cânion, possivelmente intransponível.

Ou seja, se mudássemos de escala, a terceira dimensão seria notada. É exatamente isso que queremos dizer quando falamos em dimensões compactas!

Surgem as forças subatômicas

Ao falarmos de dimensões compactas, entramos no mundo do muito pequeno. E esse mundo, sabemos, é dominado pela mecânica quântica.

A teoria de Kaluza-Klein foi deixada de lado por não conseguir justificar do ponto de vista físico a existência da quinta dimensão.

Era um artifício matemático extremamente belo e elegante que unificava as duas forças fundamentais conhecidas. Mas não possuía nenhuma comprovação prática...

Além disso, enquanto Kaluza e Klein investiam na quinta dimensão para unificar gravidade e eletromagnetismo, a física quântica passou por sua segunda quantização, chegando cada vez mais próximo de uma descrição condizente com a realidade microscópica. Um subproduto disso foi a subsequente descoberta de outras duas forças fundamentais, que atuam somente em escala nuclear.

A primeira dessas novas forças foi, por razões óbvias, batizada de "força nuclear". Posteriormente ganhou o adjetivo "fraca" e é hoje conhecido como "força fraca" (uma espécie de contradição em termos) ou, melhor, "interação fraca". Foi descoberta por Enrico Fermi, na década de 1930. A interação fraca explica uma tendência natural que as partículas pesadas têm em se transformar em partículas mais leves, conhecida como "decaimento beta".

A explicação de Fermi para esse fenômeno, embora elegante, mostrou ser não renormalizável. Algumas idas e vindas, tanto teóricas quanto experimentais, foram necessárias para que finalmente a interação fraca tivesse sua natureza bem compreendida. Hoje sabemos que a interação fraca é uma força fundamental que pode ser explicada por meio da troca de partículas virtuais coletivamente conhecidas como bósons fracos.

Atualmente, a evolução do conhecimento teórico já nos permite descrever as interações eletromagnéticas e as interações fracas com um mesmo arcabouço teórico. Isto é, essas forças são duas faces de uma mesma moeda, ou, usando nosso linguajar técnico, ambas as forças foram unificadas. Assim, hoje falamos da interação eletrofraca, a unificação entre o eletromagnetismo e a força nuclear fraca.

A outra força nuclear foi proposta inicialmente por Hideki Yukawa, também na década de 1930. Sua principal motivação era explicar a estabilidade do núcleo atômico. Se o eletromagnetismo nos diz que cargas iguais se repelem, como podem duas partículas positivas (prótons) coexistirem no núcleo de um átomo?

A resposta era análoga à da formação de moléculas. Elas se unem devido a forças eletromagnéticas entre átomos. Mas os átomos são essencialmente neutros e, portanto, não deveriam gerar nenhum campo eletromagnético! Entretanto, como os elétrons de um átomo não estão todos a uma mesma distância do núcleo atômico, há um campo residual que permite a união de átomos para formarem moléculas.

Se postularmos que os constituintes do núcleo atômico (prótons e nêutrons) não são partículas fundamentais, ou seja, são compostos por partículas ainda menores, o que mantém essas partículas ligadas? Uma força nuclear, obviamente! Mas o resíduo dessa nova força postulada deve ser mais forte que a força eletromagnética, pois ele é o responsável por manter dois prótons ligados entre si. Não por acaso, tal força foi batizada de força forte (uma "redundância em termos").

A força forte trouxe uma série de novas terminologias para a física quântica. As partículas elementares que respondem a ela são chamadas de quarks. É a união de três quarks que formam os bárions (prótons e nêutrons são os bárions mais conhecidos). Assim como a massa gera gravidade e a carga elétrica gera a interação eletromagnética, a característica que gera a força forte foi batizada de "cor". Atente-se que é um péssimo nome, pois a palavra "cor" nos remete a um conceito bastante conhecido. Essa "cor" quântica não tem nada a ver com a cor que conhecemos... Mas devido a esse nome mal escolhido, o ramo da física quântica que estuda a interação forte é chamado de cromodinâmica quântica, ou QCD, sua sigla em inglês. As partículas virtuais trocadas pelos quarks são chamadas de glúons.

A existência das forças nucleares minimizou o feito de Kaluza e Klein. Afinal, de que adianta complicar a vida de todos, introduzindo uma dimensão espacial extra, para unificar apenas duas das quatro forças fundamentais da natureza?

O gráviton

A história do gráviton, atualmente, lembra muito o ponto de partida da novela *O bem-amado*, na qual o histriônico e clientelista prefeito

Odorico Paraguaçu decide fazer um novo cemitério e, pronta a obra, ficam todos à espera de um morto para inaugurá-la. Ironicamente, ninguém morre...

Na mecânica quântica estamos assim, também. Queremos passar para a próxima etapa, mas não conseguimos. Falta-nos o principal. Falta-nos o gráviton.

O problema parecia simples, digno de figurar naquele discurso de Lorde Kelvin, que dizia que só restavam algumas nuvens sobre a física e que logo tudo seria conhecido. Assim como três forças fundamentais já haviam sido descritas pela mecânica quântica e podiam ser entendidas como a troca de partículas virtuais, a gravidade também deveria ser quantizada. Sua partícula virtual, seu bóson de força, foi batizado de gráviton. Faltavam apenas os detalhes matemáticos...

Tais detalhes, até o presente momento, provaram ser incontornáveis! A gravidade, vimos, é não renormalizável. As demais forças fundamentais seguem o caminho contrário. O modelo-padrão que descreve as partículas fundamentais e suas interações não comporta uma força não renormalizável. Dito isso, parece que há algum problema com a atual teoria de gravitação. Mas podemos mudar nossa abordagem.

A relatividade geral, por ser responsável por moldar a forma do espaço-tempo, é uma teoria que não depende do *background*. Isso quer dizer que ela funciona qualquer que seja a forma do Universo (o *background* mais abrangente que podemos imaginar). Já o modelo-padrão depende fortemente do *background*. Parece, então, haver algum problema com... o modelo-padrão!

Pois, afinal, o problema está na relatividade geral ou no modelo-padrão? Provavelmente, em ambos. É certo que estas duas vertentes da física moderna são incompatíveis entre si.

Podemos nos esbaldar na relatividade geral sempre que estivermos tratando dos fortes campos gravitacionais que permeiam o espaço. Podemos falar sobre a forma do Universo, sobre os misteriosos buracos negros, sobre precessões de periélios, sobre desvios para o vermelho.

Podemos também nos esbaldar no modelo-padrão, descrevendo um bestiário de partículas fundamentais e suas interações. Podemos falar de forças nucleares e da força eletromagnética. Podemos falar de campos quânticos, partículas virtuais e bósons de força.

Mas não podemos falar da partícula virtual que descreva a gravidade, pois, no final das contas, o modelo-padrão e a relatividade geral ainda não conseguem conversar entre si…

8 Para onde vamos?

> É possível fazer progresso em um problema aparentemente impossível... Afinal de contas, átomos caem, então a relação entre a gravidade e a mecânica quântica não é um problema para a Natureza.
>
> Lee Smolin

A gravitação quântica

A resposta da pergunta que dá título a este nosso último capítulo é simples: vamos em direção a uma teoria que descreva a interação gravitacional utilizando-se do formalismo matemático da mecânica quântica.

Isso equivale a dizer que vamos na direção de uma unificação entre todas as forças fundamentais conhecidas: gravidade, eletromagnetismo, nuclear fraca e nuclear forte.

Isso equivale a dizer que vamos na direção de uma teoria de gravitação que seja renormalizável, ou, ainda, que gere resultados finitos independentemente das distâncias que estejam sendo consideradas.

Isso equivale, ainda, a dizer que vamos na direção de uma de uma teoria quântica que explique o surgimento das partículas, independentemente do *background* em que elas existam ou, mais, que as propriedades das partículas sejam prescritas por uma lei que seja realmente universal, e não por algo que se construiu para explicar resultados observados.

Buscar a gravitação quântica é buscar a unificação das forças fundamentais e um modelo-padrão que faça prescrições *a priori* das propriedades das partículas, sendo independente de parâmetros ajustáveis.

Essa direção pode ser resumida em uma única frase: vamos em direção a uma teoria de tudo.

Ou, pelo menos, queremos ir…

A teoria de tudo existe?

Há uma história famosa nos meios futebolísticos sobre a preleção do técnico Vicente Feola para os jogadores da seleção brasileira antes de entrarem em campo contra a extinta União Soviética, em plena Copa da Suécia, em 1958. Feola teria sido muito explícito em suas instruções, traçando metas concretas que deveriam ser realizadas em campo. O genial Mané Garrincha então perguntou: "Mas você já combinou com os russos?"

Essa frase tem me acompanhado repetidas vezes (especialmente no trato com minha filha, de pouco mais de dois anos) quando quero ilustrar situações que não dependem única e exclusivamente de seu próprio planejamento.

Isso vale também para a busca de uma teoria de tudo. Há, na comunidade científica, uma enorme vontade de se unir a relatividade geral ao modelo-padrão. Mas alguém já combinou isso com os russos? Os "russos", nesse caso, são... o Universo!

Por que deve haver uma teoria de tudo, uma unificação completa entre as quatro forças fundamentais?

Não há resposta objetiva para essa pergunta. A vontade que temos de encontrar a teoria de tudo se baseia em uma única coisa: a *premissa* de que ela existe. E queremos muito que ela exista, pois, por mais que tenhamos dito que não precisamos que as coisas sejam belas, seria uma maneira *realmente* bela de descrever o Universo: um único arcabouço teórico que servisse simultaneamente para as vastidões cósmicas do espaço sideral e para o infinitésimo microscópico das partículas elementares.

Essa é a nossa vontade e, para isso, temos, como comunidade estruturada, voltado muitos dos nossos esforços científicos. Mas o fato triste é que não sabemos se este problema tem solução!

E, infelizmente, ninguém tem se concentrado nesse aspecto. E se o problema de fato não tiver solução? Por ora, o que se vê são grupos rivais buscando o pioneirismo e a primazia de terem sido os primeiros a decifrar o mais complexo problema de todos os tempos.

Se a gravidade for de fato distinta das demais forças fundamentais, não há teoria unificadora. Há a unidade de três forças fundamentais (já alcançada em teoria) e há a relatividade geral. Isso, por si só, pode ser considerado algo muito... grave em relação à gravidade! Ela é diferente!

Mas não queremos terminar nosso livro em um anticlímax e, portanto, vamos abraçar a hipótese que move a vasta maioria da comunidade científica (pelo menos os físicos teóricos e experimentais, a maioria dos astrônomos e grande parte dos matemáticos): gravidade e demais forças são unificáveis.

A teoria de tudo existe. (Quer dizer, não é uma má hipótese, mas como qualquer hipótese, ainda carece de comprovação...)

Como vamos para onde queremos ir?

Uma vez convencidos de que podemos unificar todas as forças fundamentais e conscientes de que apenas a gravidade parece diferente das demais, o que podemos fazer para atingirmos o nosso objetivo?

A unificação das forças fundamentais é o Santo Graal da física moderna e, assim como no caso do cálice sagrado, há muitos caminhos que podem levar a ela. Mas, é certo, teremos que estar preparados para quebrar alguns paradigmas.

Se o que sabemos não está nos dizendo o que queremos, parece óbvio que ou sabemos menos do que precisamos ou sabemos algo de forma equivocada.

"No futuro saberemos mais" é um dos lemas da gravitação quântica, deixando claro que a primeira opção é a que escolhemos. Tudo o que sabemos está correto, mas infelizmente não sabemos tudo o que precisamos saber.

Ainda.

Outra abordagem pode ser simplesmente procurar por grávitons. Se tudo o que achamos que é verdade for verdade, a gravidade pode ser descrita como uma troca de grávitons virtuais e bastaria provar que eles existem que estaríamos provando que a gravidade é quântica.

Poderíamos ainda alterar o modelo-padrão, ou alterar nossas concepções acerca das existências das partículas fundamentais, ou ainda partir para soluções mais e mais inusitadas.

A partir de agora vamos visitar algumas dessas propostas, alertando o leitor para o fato de que nenhuma delas tem comprovação experimental. Ou seja, apesar de algumas se apresentarem como teorias, ainda não passam de hipóteses.

Em meus cursos de física para leigos, costumo ministrar uma "aula extra", que não consta nem do programa. É justamente a aula sobre a unificação das forças fundamentais. Por mais belo e intrigante que este assunto possa parecer, seria um tanto desonesto falar aos alunos sobre coisas que jamais foram comprovadas. De fato, eu não costumava falar sobre isso. Mas os alunos insistiam e acabamos chegando a esse compromisso. Quando falo sobre isso, deixo de lado a relação aluno-professor e fazemos um franco bate-papo. Deixo claro que nada do que está sendo tratado possui comprovação experimental. Os alunos gostam (o professor também). Afinal, mesmo sem comprovação, são belas ideias, e é sempre agradável falar de coisas belas...

Pois nessas aulas, classifico as atuais tentativas de unificação com epítetos curtos e simples: classe, força, elegância e inovação. Vamos a elas...

Classe

Não tem nada a ver com turmas reunidas para uma aula. Nem tampouco é algo abstrato e subjetivo, uma espécie de qualidade de elegância usada para elogiar ambientes e pessoas. O substantivo "classe" nesse contexto é simplesmente uma alusão ao adjetivo "clássico".

E o que é ser clássico?

Na física moderna, clássico é um oximoro. Afinal, clássica é a física newtoniana... Mas para nós, clássico vai se referir a certa reverência aos antepassados, a uma tentativa de resolver problemas semelhantes com semelhantes métodos.

A tentativa inicial de renormalizar a gravidade é, nessa acepção do termo, totalmente clássica. O eletromagnetismo trazia resultados infinitos em distâncias nulas e foi renormalizado. Por que não fazer isso com a gravidade?

Bem, porque, como já sabemos, a gravidade não é renormalizável.

Mas há outro passo clássico que pode ser tentado... Em 1913, Niels Bohr decidiu que as órbitas eletrônicas em volta do núcleo atômico deveriam respeitar a quantização *ad hoc* proposta por Planck para tornar o modelo de Rutherford estável. Sua única motivação foi tornar o modelo estável.

Nosso problema agora é que temos uma grandeza divergente (que se torna infinita) no limite da distância nula. Por que não quantizarmos o espaço, de modo que não existam mais distâncias nulas?

A ideia de um espaço discreto surgiu entre os filósofos gregos (tendo seu mais fervoroso defensor em Zenão, discípulo de Parmênides, autor dos famosos paradoxos de Zenão). Do ponto de vista moderno, há uma escala, chamada escala de Planck, que automaticamente nos dá um valor para a menor distância possível entre dois pontos no espaço: 10^{-65}m. Para o leitor que não está acostumado com a notação científica, isso é o mesmo que 0,0000000000000000000000000000000001m (são 35 zeros!). Ou, ainda, a trilionésima parte da centésima parte de um trilionésimo de um milionésimo de milímetro! Para facilitar nossa vidas, vamos chamar esse *quantum* espacial de métron.

Se o espaço é mesmo quantizado e a menor distância entre dois pontos é um métron, então a gravidade nunca será infinita, pois a distância nunca será zero! Isso é exatamente o que Bohr fez para escapar de um problema aparentemente insolúvel: uma quantização *ad hoc*. Mais clássico do que isso não há!

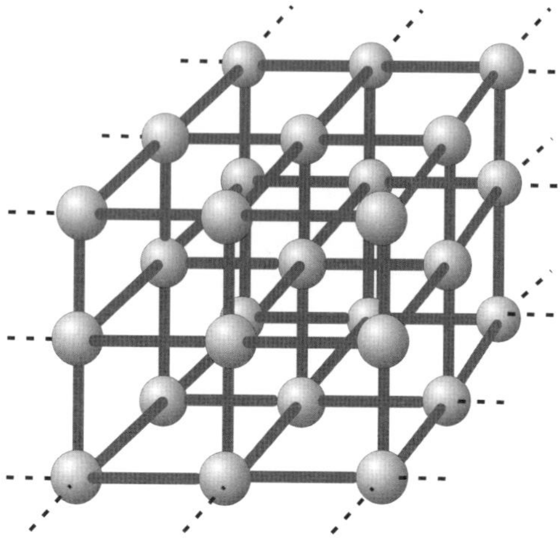

Em um nível quântico, o espaço pode ser descrito como uma treliça tridimensional. Entre uma bola e outra (os vértices dos cubos), não há nada.

A quantização do espaço faz com que ele seja descrito como uma treliça tridimensional, na qual os vértices de cada cubo são os pontos que podem ser ocupados e as arestas valem 1 métron.

Este modelo de treliça (*lattice* é o termo em inglês, bastante utilizado também em textos em português) evoluiu bastante e deu origem ao que hoje chamamos de *Loop Quantum Gravity*. Esse termo em inglês, que não possui uma tradução bem estabelecida em português (há quem chame de "gravidade quântica de *loop*", outros de "gravidade quântica de nó". Mas nenhum desses termos é muito usado comumente), descreve o campo gravitacional como laços e nós que se propagam na treliça tridimensional.

A "gravidade quântica de laço" (minha tradução) é uma forma clássica de atingir nosso objetivo. Há ainda muitas coisas em aberto na estrutura formal dessa "teoria" (entre aspas, pois não é de fato uma teoria, visto que ainda não possui comprovação experimental), mas é uma boa aposta que se a gravitação pode ser quantizada, alguma parte dessa ideia fará parte da teoria de tudo.

Força

Em 1916, resolvendo as equações da sua relatividade geral para o Universo como um todo, Einstein percebeu que o Cosmos deveria estar em expansão. Isso não condizia com suas crenças religiosas, e ele alterou sua equação original (introduzindo a famosa constante cosmológica) para obter o resultado que lhe satisfazia: o Universo era estático.

Alexander Friedmann, em 1922, recalculou as equações de Einstein e chegou à mesma conclusão original: o Universo deveria estar em expansão. Tal resultado só foi comprovado empiricamente em 1929, por Edwin Hubble. Esse é um caso famoso de uma ideia teórica que estimula uma observação posterior...

Há casos inversos, como a famosa experiência de Rutherford sobre o átomo. Os resultados experimentais estimularam o aparecimento de um novo modelo atômico. As observações vieram antes da teoria...

Em Física, esta corrida é saudável. Ora temos descobertas experimentais ou da ordem da observação que clamam por uma explicação; ora temos hipóteses e teorias que pedem por corroboração prática, experimental.

Como já disse, então, uma solução para o problema da gravitação quântica seria encontrar o gráviton. Não importa que a matemática por trás disso ainda não esteja pronta. Saberíamos com certeza que a gravidade quântica existe! Isso é o que eu chamo de solução da força bruta!

Como se procura um gráviton? Ora, construindo-se observatórios para isso! Os grávitons que carregam a força gravitacional são grávitons virtuais. Mas, por analogia à quantização eletromagnética, devem existir grávitons reais, representações quânticas de algo que chamaremos de onda gravitacional. Assim como fótons reais representam uma onda eletromagnética, grávitons reais representam uma onda gravitacional...

Uma onda gravitacional é algo bastante poderoso, visto que a gravidade é uma curvatura no espaço-tempo. Experimentar a pas-

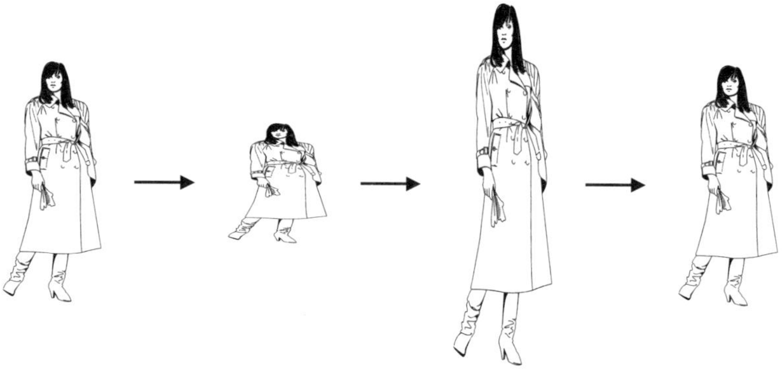

A vítima de uma onda gravitacional, que deforma o espaço por onde passa. A moça encolhe e estica porque o espaço em que ela se encontra encolhe e estica.

sagem de uma onda gravitacional seria ter nossas medidas relativas temporariamente alteradas.

Mas se tudo se altera com a passagem da onda gravitacional, as réguas também se alteram, e jamais perceberemos essa alteração, pois a "leitura" que faremos (tantos e tantos centímetros) não será alterada.

Para isso, inventou-se um tipo de observatório muito especial, que funciona por uma técnica chamada interferometria laser. O mais conhecido atende pela sigla em inglês Ligo, "Observatório de Ondas Gravitacionais por Interferometria Laser".

Assim como acontece comumente com o termo "planetário", que pode se referir tanto a um equipamento (um projetor central que simula o céu na cúpula), mas também pode se referir a um prédio (justamente o prédio que abriga a cúpula para as projeções), o Ligo também é um equipamento e uma instituição. Na verdade, trata-se de um experimento de física pertencente a duas grandes entidades científicas: o Caltech (Instituto de Tecnologia da Califórnia) e o MIT (Instituto de Tecnologia de Massachusetts). Esse experimento é todo baseado no conceito da interferometria.

Interferometria é o estudo dos fenômenos de interferência, típicos das ondas. A interferência da luz foi usada por Thomas Young no começo do século XIX para mostrar que ela se tratava de uma onda; e foi "usada" por Michelson e Morley no final do mesmo século para encontrar o éter (o termo "usar" vem entre aspas, pois sabemos que o experimento não obteve sucesso).

O Ligo (e seus similares) consiste em direcionar raios laser em caminhos ortogonais entre si, recolhendo-os em um mesmo ponto. Se, por um acaso, a Terra for varrida por uma onda gravitacional, o tamanho do percurso que os raios percorrem será alterado. Como os percursos são perpendiculares entre si, essa alteração não será igual para ambos e, portanto, os raios laser percorrerão, enquanto durar a onda gravitacional, caminhos de tamanhos distintos. Com isso, chegarão ao receptor fora de fase e, portanto, gerarão um padrão de interferência! Simples assim.

Simples? De modo algum! Eventos cataclísmicos recentes, como explosões de supernovas, ocorridas fora de nossa galáxia, deveriam gerar distorções de 0,000000000000001mm (um quadrilionésimo de milímetro) na distância percorrida pelos raios de luz e seriam indetectáveis!

Seria preciso um evento mais próximo para que o Ligo, com sua sensibilidade atual, detectasse a existência das ondas gravitacionais. Fenômenos desse tipo são imprevisíveis e, portanto, o Ligo (e seus pares) segue em alerta.

Elegância

O modelo-padrão divide as partículas em duas classes bastante distintas: bósons e férmions. Os bósons foram batizados em homenagem ao físico indiano Satyendra Bose e obedecem à estatística proposta por ele e por Einstein. Os férmions foram batizados em homenagem a Enrico Fermi e seguem a estatística de Fermi-Dirac.

Mas o que há de tão diferente entre férmions e bósons? Basicamente, o *spin*.

O *spin* ("giro", em inglês) é uma característica intrínseca às partículas; é um dos números quânticos que diferenciam essas partículas entre si. Cada uma tem quatro números quânticos: massa, carga, cor e *spin*. A massa gera um campo gravitacional; a carga, um campo eletromagnético e a cor, um campo forte (lembram-se da cromodinâmica quântica?). O *spin* não gera campo nenhum...

Seu nome deriva de uma época em que ainda se acreditava ser possível uma descrição clássica para fenômenos quânticos. Átomos eram vistos como microscópicos sistemas solares, com o núcleo fazendo as vezes de Sol e os elétrons, de planetas. Nesse contexto, quando foi descoberta uma nova característica dos elétrons, pensou-se em fazer uma analogia com a rotação dos planetas. Assim, como esses corpos celestes, os elétrons teriam um movimento de revolução (ao redor do núcleo) e um movimento de rotação (o *spin*).

Quando surgiu no modelo atômico, dizia-se que o *spin* do elétron poderia ser horário ou anti-horário. Logo se passou a descrever esses dois estados distintos como *up* e *down* (uma alusão à orientação do eixo de rotação, analogamente aos planetas). Um elétron com seu "polo norte" para cima gira no sentido horário; um elétron com seu "polo norte" para baixo gira no sentido anti-horário.

Hoje sabemos que não é nada disso... Ainda assim, é fato que o *spin* é uma característica importante das partículas. Para elétrons, dizemos que os estados opostos de *spin* são +1/2 e -1/2. Esta é uma característica muito importante dos férmions: eles têm *spin* semi-inteiro. Os bósons, diferentemente, têm *spin* inteiro.

Pois bem... o modelo-padrão foi construído com base em dados obtidos em laboratórios. Ele não é um conceito teórico, a nos dizer quais devem ser as características das partículas, mas sim um catálogo, que nos informa quais são essas características, para partículas que já foram observadas. Em sua base, há três famílias distintas de férmions (cada família composta por um par de quarks, por uma partícula similar ao elétron e por uma partícula similar ao neutrino). Além disso, há os bósons, responsáveis por transportar as forças fundamentais que já foram quantizadas com sucesso.

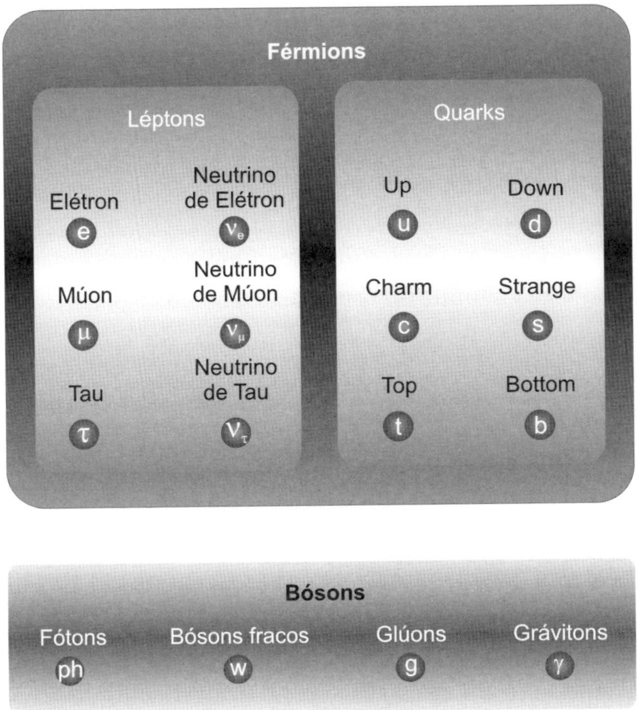

As partículas elementares, segundo o modelo-padrão

Por que há três famílias distintas de férmions? Por que os bósons são diferentes? Essas perguntas, o modelo-padrão, como um bom catálogo que é, não responde. Salta aos olhos que lhe falta certa simetria...

Pois bem, por variadas razões e vindo de diferentes direções (inclusive na tentativa de unificar a gravidade às demais forças fundamentais) surgiu na física de partículas o conceito de supersimetria (ou Susy; em inglês, um acróstico). A Susy prega que para cada férmion há um bóson correspondente e vice-versa. Os parceiros supersimétricos são estritamente hipotéticos e jamais foram observados...

Por exemplo: um quark é um férmion. Logo, ele deve possuir um bóson correspondente (ou seja, suas características gerais são similares, mas seu *spin* será meia unidade diferente, de modo que o *spin* do quark seja semi-inteiro e o *spin* do bóson correspondente seja inteiro). Este bóson hipotético foi batizado de squark (o "s" na frente denota seu caráter supersimétrico). Há, obviamente, o selétron e o sneutrino (estas duas últimas estão na categoria dos sléptons!).

Para dar nome aos hipotéticos férmions que nascem a partir de bósons conhecidos, optou-se por outra terminologia: o sufixo "ino". Assim, há o fotino (parceiro supersimétrico do fóton) e o gluíno (parceiro supersimétrico do glúon), por exemplo.

E o que isso tem a ver com a gravidade?

Ora, o modelo-padrão é do jeito que é porque a supersimetria que possuía no passado foi quebrada. Todas as partículas eram equivalentes entre si, férmions e bósons indistintamente, geradas randomicamente pela partícula-Deus (nome de fantasia e extremamente impactante para uma partícula que tecnicamente se chama "bóson de Higgs"). Tal partícula é capaz de aglutinar matéria, carga, cor e *spin*, deixando em seu rastro uma série de partículas distintas.

Se a Susy é real, então com certeza a gravidade já foi descrita do mesmo modo que as demais forças, pois grávitons, glúons e fótons têm todos a mesma origem comum (o bóson de Higgs).

Até hoje não foi encontrada nenhuma prova contundente da existência de parceiros supersimétricos e da veracidade da supersimetria.

Inovação

A supersimetria é uma ideia ousada: descrever todas as partículas como decaimentos distintos de uma única partícula primordial. Para alguns, ela não é ousada o bastante!

Quando Yukawa percebeu, na década de 1930, que havia uma força residual desconhecida a unir prótons, que deveriam se repelir, logo montou um modelo que pode ser resumido como "modelo do elástico". Sim, pois a força nuclear forte é bastante estranha: ela aumenta com a distância! E é por isso que não vemos quarks solitários pelo Universo. Os quarks estão confinados, fadados a viverem em duplas (os mésons) ou trios (os bárions, cujos representantes mais famosos são os prótons e nêutrons). Se por ventura estes quarks sequer pensarem em se afastar, à medida que a distância entre eles aumenta, aumenta também a força que os une (como se estivesse unidos por um elástico). Logo, jamais se separam.

Yukawa cedo percebeu que era muito mais interessante estudar o "elástico" do que as partículas nele amarradas. Foi mais além e passou a ignorar as partículas! Bastava considerar as extremidades do "elástico", pois ali estariam elas. Criou assim, sem muita pretensão, o modelo que hoje conhecemos como "teoria das cordas"!

A evolução das cordas foi rápida e bastante violenta. Hoje já não usamos o modelo original de Yukawa, mas sim cordas fechadas, sem extremidades. A vibração nessas cordas é traduzida como uma série de números quânticos (massa, carga, *spin* e cor) e uma mesma corda pode representar diversas partículas (não ao mesmo tempo, obviamente).

Não demorou muito para as cordas evoluírem para as supercordas, incorporando os conceitos da Susy. Uma mesma corda pode representar férmions e bósons indiscriminadamente. E um estudo detalhado das cordas mostra que há modos de vibração que corresponderiam aos números quânticos que descrevem o gráviton. Ou seja, se as cordas são reais, o gráviton é real.

Um efeito colateral benéfico das cordas, microscópicos laços oscilantes, é que não precisamos mais nos preocupar com as distâncias nulas e os consequentes infinitos que aparecem na teoria da gravitação. Diferentemente das partículas, as cordas não são puntiformes (adimensionais) e, portanto, não precisamos nos preocupar com distâncias nulas. Sempre haverá uma distância mínima: o diâmetro da corda (não por acaso, este distância mínima pertence à escala de Planck).

Um grande porém, que frustra muita gente grande no mundo da física, é o fato das supercordas precisarem de 11 dimensões para existirem. O Universo observável, sabemos, tem quatro dimensões (três espaciais e uma temporal). Kaluza e Klein haviam criado uma dimensão extra; as supercordas necessitam de nada menos do que sete dimensões extras! Todas elas compactas!

Por mais elegante que sejam a solução do modelo-padrão, a da relatividade geral e a da teoria de tudo baseada nas supercordas, não parece muito convincente a criação de sete dimensões extras compactas *ad hoc* apenas para fazer uma hipótese funcionar.

As supercordas jamais foram comprovadas do ponto de vista experimental, mas são de longe, para o grande público e para boa parte da comunidade científica, o caminho para a criação de uma grande teoria que dê conta desse "tudo".

Em caso de emergência...

Mas e se tudo isso estiver errado? E se a gravidade for unificável às outras forças, mas não puder ser descrita pela *Loop Quantum Gravity*? E se não acharmos os grávitons com o Ligo, ou os parceiros supersimétricos, ou as supercordas? O que fazer?

Bem, o cartaz é claro: "Em caso de emergência, quebre o vidro." Isso é uma boa analogia para nos forçarmos a "pensar fora da caixa". Como Alexandre o Grande diante do Nó Górdio, devemos ousar e pensar em soluções completamente diferentes...

Uma delas, a única que descreverei aqui, envolve dimensões espaciais extras (como propostas por Kaluza e Klein e pela teoria das supercordas). Mas tais dimensões extras seriam apenas percebidas pelo campo gravitacional.

Isso desde já explicaria a imensa diferença de intensidade entre as forças conhecidas. A gravidade não é tão fraca assim (como demonstramos com o exemplo mundano do ímã de geladeira). Ela apenas se espalha por direções que não conhecemos e, portanto, o que dela medimos é apenas uma pequena parte da gravidade real.

Essa solução é brilhante! Ela revisita a fórmula original da gravidade newtoniana, deixando claro que o expoente do denominador (o famoso "quadrado" da distância) está ligado ao número de dimensões espaciais.

$$F_g = \frac{GM_1M_2}{r^{d-1}}$$

Número de dimensões espaciais

O expoente do denominador varia de acordo com o número de dimensões espaciais consideradas. No mundo tridimensional usual, o expoente será 2 (quadrado).

Na figura, *d* é o número de dimensões espaciais. Se essas são apenas três, o expoente é realmente dois (o quadrado da distância). Mas e se forem mais? Se forem 10, por exemplo, como prescreve a teoria das supercordas, a gravidade cresceria muito mais violentamente à medida que as distâncias fossem ficando menores. Isso pode parecer ruim (pois, afinal, queremos fugir do infinito, lembram-se?). Mas é muito bom, pois a gravidade crescendo de forma mais intensa faz com que ela se junte às outras forças em um mesmo patamar e possa, portanto, ser descrita pelas mesmas técnicas.

A hipótese inicial é duplamente dolorosa: existem dimensões espaciais extras e só a gravidade as sente. Mas isso não é mais doloroso do que pensar que todas as partículas possuem parceiros supersimétricos ou que todas as partículas são vibrações de uma corda microscópica fundamental. E quanto mais audaz for a premissa inicial, mais interessante fica o desenvolvimento da hipótese e a construção, quem sabe, de uma teoria.

O fim está longe! Ou não...

É curioso que estejamos nos despedindo com uma teoria que parte da fórmula newtoniana da gravidade. Parece que completamos um ciclo. Não há melhor momento para colocarmos nossas ideias em ordem...

A gravidade é uma força fundamental. Isso é fato. Esta força é gerada por e atua em qualquer massa ou concentração de energia.

A teoria que descreve a força da gravidade foi proposta em 1915 por Albert Einstein e se chama relatividade geral. Ela descreve a gravidade como uma curvatura do espaço-tempo.

Há outras três forças fundamentais no Universo. Uma tem longo alcance, como a gravidade, e se chama força eletromagnética. As outras duas agem no interior do núcleo atômico e se chamam força fraca e força forte. Essas três forças são bem descritas pela mecânica quântica com a troca de bósons virtuais.

A única força fundamental que a mecânica quântica ainda não conseguiu descrever foi a gravidade. Isso pode significar que ela simplesmente não é quantizável ou pode querer dizer que ainda não sabemos como fazer isso.

Se um dia chegarmos a um modelo capaz de descrever todas as forças fundamentais no interior do mesmo formalismo matemático, teremos atingido o Santo Graal da física, a chamada teoria de tudo.

Isso pode demorar mais alguns séculos.

Ou pode até ter sido feito no curto período que separa o ato de escrever este livro ao de publicá-lo!

Por ora, entretanto, todos sabem a pergunta e ninguém sabe a resposta.

Mas todos concordam entre si: os nossos são os tempos mais animadores para se estudar o problema!

Bibliografia

Abattouy, Mohammed. *The Islamic Science of Weights and Balances: a Refoundation of Mechanics Deeply Rooted in the Social Context of the Islamic Civilization*. Londres, FSTC Limited, 2006.

Abbott, Edwin A. *Flatland: A Romance of Many Dimensions*. Nova York, Dover, 1992.

Alighieri, Dante. *A divina comédia*. Edição bilíngue: vol. 1 (*Inferno*), vol. 2 (*Purgatório*) e vol. 3 (*Paraíso*). São Paulo, 34, 1998.

Aristóteles. *The Complete Works of Aristotle*. Princeton (Nova Jersey, EUA), Princeton University Press, 1995.

Bassalo, José Maria Filardo. *Nascimentos da física (3500a.C. - 1900a.D.)*. Belém, Edufpa, 1996.

Berjak, Rafik e Muzaffar Iqbal. "Ibn Sina: Al-Biruni correspondence". FindArticles.com. Disponível (on-line) em: <http://findarticles.com/p/articles/mi_m0QYQ/is_2_3/ai_n15944554/>.

Berlinski, David. *O dom de Newton: como Sir Isaac Newton desvendou o sistema do mundo*. São Paulo, Globo, 2002.

Bianchi, Luca. "A física do movimento". *Scientific American Brasil*, col. História da Ciência nº1: "A Ciência na Idade Média" , jun 2005, p.40-3.

Bruno, Giordano. *Acerca do infinito, do Universo e dos mundos*. São Paulo, Madras, 2006. [Publicado originalmente em 1584 como *L'infinito, universo e mondi*.]

Caruso, Francisco e Vitor Oguri. *Física moderna: origens clássicas e fundamentos quânticos*. Rio de Janeiro, Elsevier, 2006.

Cohen, Isaac Bernard. "Newton's Discovery of Gravity". *Scientific American Brasil*, vol. 244, nº3, mar 1981, p.1228; p.131-3.

Copérnico, Nicolau. *As revoluções dos orbes celestes*. Lisboa, Fundação Calouste Gulbekian, 1984. [Publicado originalmente em 1543, com o título *De revolutionibus orbium coelestium*.]

Crease, Robert P. *Os dez mais belos experimentos científicos*. Rio de Janeiro, Jorge Zahar, 2006.

Daintith, John e Derek Gjertsen (orgs.). *A Dictionary of Scientists*. Oxford, Oxford University Press, 1999.

Danielson, Dennis R. (org.) *The Book of the Cosmos*. Cambridge, Helix Publishing, 2000.

Darling, David. *Gravity's Arc: the Story of Gravity from Aristotle to Einstein and Beyond*. Nova Jersey, Wiley, 2006.

Da Vinci, Leonardo. *Da Vinci por ele mesmo*. São Paulo, Madras, 2004. [Textos de 1452-1519.]

De Vasconcelos, Julio C.R. "Galileu contra a inércia circular". *Scientiae Studia*, vol. 3, nº3, 1986, p.69-86.

Dias, Penha Maria Cardoso, Wilma Machado Soares Santos e Mariana Thomé Marques de Souza. "A gravitação universal". *Revista Brasileira de Ensino de Física*, vol. 26, nº3, 2004, p.257-71.

Dreyer, John Louis Emil. *A History of Astronomy from Thales to Kepler*. Nova York, Dover, 1953.

Einstein, Albert et al. *The Principles of Relativity*. Nova York, Dover, 1952.

Ferris, Timothy. *O despertar na Via-Láctea: uma história da astronomia*. Rio de Janeiro, Campus, 1990.

Fucks, Saul (org.). *Descartes: um legado científico e filosófico*. Rio de Janeiro, Relume Dumará, 1998.

Galilei, Galileu. *Discoveries and Opinions of Galileo*. Nova York, Doubleday, 1957.

______. *Diálogo sobre os dois máximos sistemas do mundo ptolomaico e copernicano*. Tradução, introdução e notas de Pablo Rubén Mariconda. São Paulo, Discurso Editorial/Imprensa Oficial do Estado de São Paulo, 2004. [Originalmente publicado em 1632 como *Dialogo sopra I due massimi sistemi del mondo tolemaico e copernicano*.]

Gleick, James. *Isaac Newton: uma biografia*. São Paulo, Companhia das Letras, 2004.

Hall, Alfred Rupert. *From Galileo to Newton*. Nova York, Dover, 1981.

Hawking, Stephen. *Os gênios da ciência: sobre os ombros de gigantes*. Rio de Janeiro, Elsevier, 2005. [Textos de Hawking sobre vida e obra de grandes cientistas, mais seleção de escritos originais: Nicolau Copérnico (1473-1543). "Das revoluções das esferas celestes (livro um)"; Galileu Galilei (1564-1642). "Diálogo sobre duas novas ciências"; Johannes Kepler (1571-1630). "Harmonias do mundo (livro cinco)"; Isaac Newton (1643-1727). "Os princípios matemáticos da filosofia natural"; Albert Einstein (1879-1955). "O princípio da relatividade" (seleções).]

Heath, Thomas Little. *Greek Astronomy.* Nova York, Dover, 1991.

Itokazu, Anastasia Guidi. "A força que move os planetas: da noção de 'species immateriata' na astronomia de Johannes Kepler". *Cadernos de História e Filosofia da Ciência*, série 3, vol. 16, nº2, 2006, p.211-31.

Jammer, Max. *Concepts of Mass: in Classical and Modern Physics.* Cambridge, Dover, 1997.

_______. *Concepts of force: a Study in the Foundations of Dynamics.* Cambridge, Dover, 1999.

Kaku, Michio. *Hyperspace: A Scientific Odyssey Through Parallel Universes, Time Warps, and the 10th Dimension.* Nova York, Oxford University Press, 1994.

Koestler, Arthur. *O homem e o Universo.* São Paulo, Ibrasa, 1989.

Koyré, Alexandre. *Do mundo fechado ao universo infinito.* Rio de Janeiro, Forense Universitária, 1979.

Kak, Subhash. *"Indian Physics: Outline of Early History"*. E-print. Disponível (on-line) em: arXiv:physics/0310001, 2003.

Kuhn, Thomas S. *A estrutura das revoluções científicas.* São Paulo, Perspectiva, 2007.

Mariconda, Pablo Rubén e Júlio Vasconcelos. *Galileu e a nova física.* São Paulo, Odysseus, 2006.

Martins, Roberto de Andrade. "Galileu e a rotação da Terra". *Caderno Catarinense de Ensino de Física*, vol. 11, nº3, 1994, p.196-211.

________. "Galileu e o princípio da relatividade". *Cadernos de História e Filosofia da Ciência*, nº9, 1986, p.69-86.

Mlodinow, Leonard. *A janela de Euclides.* São Paulo, Geração Editorial, 2004.

Morris, Richard. *Uma breve história do infinito: dos paradoxos de Zenão ao universo quântico.* Rio de Janeiro, Jorge Zahar, 1997.

Morrison, David, Sidney Wolff e Andrew Franknoi. *Abell's Exploration of the Universe.* Filadélfia, Saunders College Publishing, 1995.

Mourão, Ronaldo Rogério de Freitas. *Kepler: a descoberta das leis do movimento planetário.* São Paulo, Odysseus, 2003.

Pantin, Isabelle. "Fracastoro's De Contagione and Medieval Reflection on 'Action at a Distance': Old and New Trends in Renaissance Discourse on Contagion", in Claire L. Carlin (org.). *Imagining Contagion in Early Modern Europe.* Nova York, Palgrave, 2005, p.3-15.

Priesner, Claus. "As imagens do doutor Fausto". *Scientific American Brasil*, col. História da Ciência nº2: "A Ciência no Renascimento", 2005, p.20-5.

Rucker, Rudy. *Infinity and the Mind: The Science and Philosophy of the Infinite.* Boston, Birkhäuser, 1982.

_______. *The Fourth Dimension: A Guided Tour of the Higher Universes.* Boston, Houghton Mifflin, 1984.

Russel, Bertrand. *ABC da relatividade.* Rio de Janeiro, Jorge Zahar, 2005.

Smolin, Lee. *Three Roads to Quantum Gravity.* Nova York, Basic Books, 2001.

Stephenson, Bruce. *Kepler's physical astronomy.* Princeton (Nova Jersey), Princeton University Press, 1994.

Teresi, Dick. *Lost Discoveries: the Ancient Roots of Modern Science — from the Babylonians to the Maya.* Nova York, Simon & Schuster, 2002.

Tossato, Claudemir R. "Os primórdios da primeira lei dos movimentos planetários na carta de 14 de dezembro de 1604 de Kepler a Mästlin". *Scientiae Studia*, vol. 1, nº2, 2003, p.195-206.

Valadares, Eduardo de Campos. *Newton: a órbita da terra em um copo d'água.* São Paulo, Odysseus, 2003.

Westfall, Richard S. *A vida de Isaac Newton.* Rio de Janeiro, Nova Fronteira, 1995.

Woit, Peter. *Not even Wrong: the Failure of String Theory and the Search for Unity in Physical Law for Unity in Physical Law.* Nova York, Basic Books, 2006.

Índice remissivo

H

I

K

L

M

Este livro foi composto em Legacy Sans e Minion 11/13,8
e impresso em papel offset 90 g/m² e cartão triplex 250 g/m²
por Bartira Gráfica em janeiro de 2010.